JN196860

エコ
ヂカラ!

Rina Fukaya
深谷里奈

桜山社
SAKURAYAMA SHA

はじめに

みなさんこんにちは！

東海ラジオ・パーソナリティの深谷里奈です。

この本は、環境フリーペーパー「Risa」に現在連載中の「深谷里奈のエコヂカラ！」を一冊の本にまとめたものです。

「Risa」は1999年、名古屋市の「ごみ非常事態宣言」をきっかけにリサイクルや環境について取り上げた情報紙。ときにはまじめに、ときには楽しく、エコに関する話題を伝えるフリーペーパーです。発行は毎月第一土曜日、タブロイド版8ページで発行部数は約51万部。名古屋市内の中日新聞朝刊に折り込まれるため、名古屋市内にお住まいの方なら目にしたことがあるかもしれません。

毎日、月曜日～金曜日の夕方4時～5時45分の東海ラジオの生放送番組「山浦・深谷のヨヂカラ！」でおしゃべりしている私が、まさか本を出すことになるなんて!!!

古くからの友人である桜山社の江草三四朗さんが出版社を立ち上げる際にラジオ局まで来てくれ「本を出しましょう！」と提案してくれたのが始まりです。江草君とは（あえて親しく呼ばせていただきます）もう、15年ほどのお付き合いで、当時名古屋の出版社ゲインに勤めていた彼とはみんなで集まって遊ぶ仲間でした。

その中の一人に「東海ウォーカー」で音楽ページを担当していた川中千保さんという女性がいました。彼女とはライブ会場で出会ったり、ザ・ブームのファンという共通点もあったり仲良くしていたのですが、川中さんが「Risa」を発行している中日メディアブレーンの仕事をすることになり「環境に関するコラムを書く人を探している」とのことで、縁あって私にお鉢が回ってきたのです。

2008年4月にスタートした連載は、日々の生活の中でちょっとしたイイコトをするとエコにつながる、という暮らしのヒントのような内容でした。たとえば、「庭の雑草を取らずにワイルドフラワーガーデンに！」「洗車はしない！ 雨水で充分」「ご飯は残さない」「着物なら太っても着られるからエコ」など……。主婦の手抜きがエコにつながるという「力わざ」（笑）コラムでした。

エコグッズの取材など内容を変化しつつ続いた連載も2010年、私の出産を機にいったん卒業。その後、2015年4月に再びチャンスを頂くこととなり、現在は手仕事で素敵を生み出す作家や伝統を今に伝える人、古いものをよみがえらせ生かす人、野菜を作る人など「ひと」の魅力をご紹介しています。取材した方の紹介でどんどん人の輪がつながり、はや4年目。この輪はこれからも手をつないでもっと大きくなりそうです。

そもそも環境の専門家でもない私がこんなに長くエコの話題に触れていられるのは育った環境が大きく影響しているのかもしれません。日本一暑い（2018年現在、全国3位）岐阜県多治見市に生まれ育った私は、建て売り住宅が立ち並ぶ住宅地で育ちました。当時はまだ空き地が残っていて、幼稚園の裏山で秘密基地を作ったこともあります。また、中津川市福岡町にある父の実家は、お風呂は五右衛門風呂、トイレはボットンでコタツも練炭をいれて使う掘り炬燵。

春にはレンゲの花かんむりを作ったり、夏は川で泳いだりと自然と触れ

父の実家（当時岐阜県恵那郡福岡町、現中津川市）近くの川で遊ぶ。「水のすべり台。ちょっと怖いなぁ」（4歳）

大好きな父に抱かれて（4歳）

合う楽しみを満喫しました。深谷家の夏休みは登山と海水浴が恒例行事でしたが、父が理科の教員だったからか、海で泳ぐというよりも、もっぱら岩場の潮溜まりでタモを駆使して海の生物採り。ヤドカリやスズメダイを捕まえて水槽で飼うのです。

家には、猫をはじめ、ウサギ、チャボ、金鶏、アカハライモリ等……。たくさんの生物がいました。この本の本編にも登場する父から受けた影響が、今につながっているのかもしれません。

環境は……自然に親しむという楽しい面がある一方で、エネルギーや地球環境の問題からも目をそらせません。国や企業の努力も大切ですが、地球に暮らす私たち一人ひとりができることもきっとあるはず！

自ら農業を始めたり、田舎に移住したりする友人もいます。しかし、都市で生活しながら、自動車に乗り、電気を使いながらでも、何かできることがあるはず……。

その一つが、まずは知ることであり、良いと思ったものを生活に取り入れることではないでしょうか？　安く物が手に入る時代だからこそ、丁寧に作られたものを選び、自分自身が心地良いと思える「環境」＝「家」を作ることが、ひとりができる環境活動なのではと思います。

ここから先のページでは、これまでに私が出会った人々を紹介します。

「コレ、いいな」「こんな活動ステキだな！」

あなたに、そんなふうに思ってもらえるページが１ページでもあれば、うれしいです。

父の実家。お正月にたこあげ。
「よく上がったでしょ」（４歳）

深谷流・取材のながれ

① 新聞やネットでネタを探します。知りあいからの紹介も多数！

② 取材します。この時は話をきくだけでなく体験もさせてもらいました。

③ 原稿を書き、撮影した画像と共に送ります

構成は編集部でやってくれるのでゲラが上がってきたらCheckします。

④ 完成〜!!!

⑤ ラジオとも連動しているので同録CDとリサを取材した方へ送ります。

⑥ 今回は本のためにイラストを描きました。

下描きで絵と文章の配置を決めます。ケント紙にあらためて鉛筆でかき、清書して色付け！完成〜★

もくじ

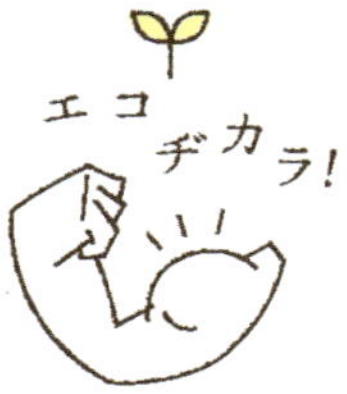

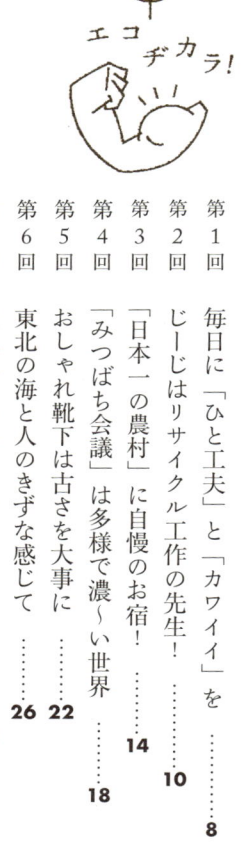

エコヂカラ!

第1回

毎日に「ひと工夫」と「カワイイ」を

特製！ リサっちホットケーキ、いかが？

「Risa」読者のみなさん、お久しぶりです！ そして、はじめまして！ ちょうど5年前まで、この紙面で、使うと自分が良い子になれる（?）エコグッズや身近なエコ活動を紹介するコラム「深谷里奈のでかけてエ～コ」を連載していました。出産を機にお休みさせていただきましたが、このたび再登板！ 忙しい毎日の中、ちょっとした工夫で環境によく、自分自身もハッピーになれる「超ポジティブエコ」をご紹介していきます。

私の毎日は、4歳の息子の送り迎え、3時間の生放送を中心とした仕事、掃除洗濯などの家事……。思わず歯を食いしばってしまうほど余裕のない日々です。

でも、生活に潤いって必要。特に女性の皆さん、どこかにカワイイがないとやってられませんよね～！　というわけで、たとえばふき掃除に使うぞうきんは、刺しゅう糸でカラフルに縫っています。色とりどりなだけで気分があがります。

　子どものおやつにつくるホットケーキも、ひと工夫。ホットドッグ屋さんなどにあるケチャップ入れ（ディスペンサー）にホットケーキの生地を入れ、温めたフライパンに細い線を描いていきます。先に落とした生地が濃くなることを考えながら生地を重ねていくと、「お絵かきホットケーキ」の出来上がり！　今回は連載スタートを記念して、リサっちをつくってみたつもり……（汗）。

　全体の焼き時間は通常と変わりません。裏返すと逆さま（文字なら鏡文字）になることを忘れずに。普段はごはんをお口に運ばないと食べてくれない甘えん坊の息子も、これなら自ら食べてくれます。毎日の家事をいかに楽しくカワいく、そして通常の時間内に収めるか。ここが主婦の知恵の出しどころなんですよね～。

　職場にはもちろん毎日「マイ水筒」を持参。最近はドイツ製のガラスの魔法びんが、おしゃれで保温性もよくてお気に入り。スタジオでも愛用しながら、リスナーの皆さんのお便りなどを読んでいます。

マイ水筒で収録前にほっと一息

　先日、番組あてに「自宅の庭になったカボスの実を毎日お風呂に入れて楽しんでいます。お風呂から出るときにカボスで浴槽をこすっておけば、あらためてお風呂掃除する手間が省けて一石二鳥！」というメッセージをいただきました。かんきつ類にはリモネンという、油を溶かす成分が含まれているので、お風呂の汚れもよく落ちるというわけ。ミカンの皮でもいいそうですよ。

　こんな主婦力＆エコヂカラアップ！を目指し、簡単にできる手作りや、生活に取り入れたいエコなものを、このコーナーで紹介できたらと思います。皆さんのアイデアもぜひ教えてください。ラジオとともに、お付き合いくださいね！

（２０１５年４月掲載）

エコヂカラ!

第2回

じーじはリサイクル工作の先生!

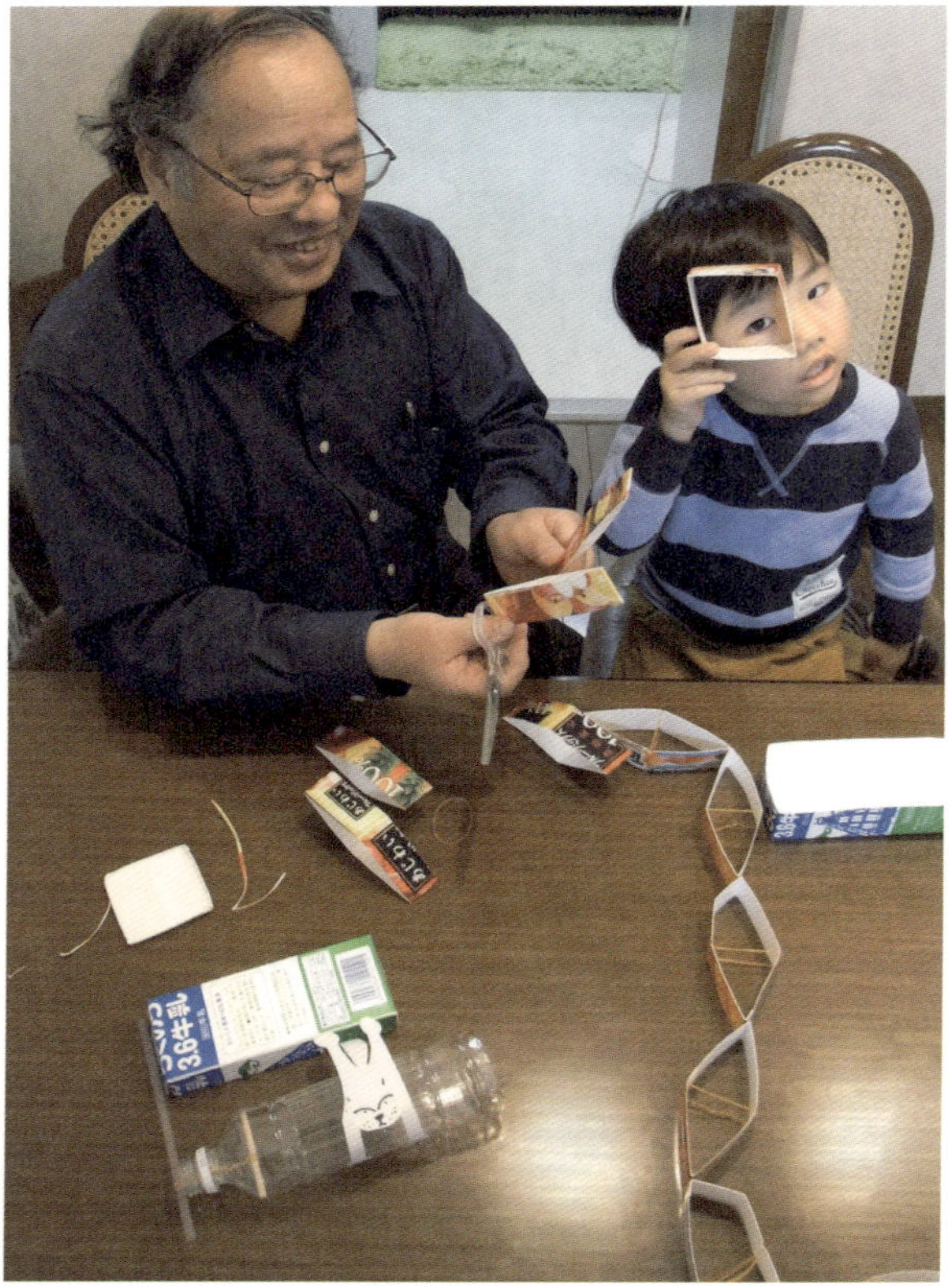

父が手元でつくっているのが①のビックリ箱、左下に転がっているのが②のころころ

今シーズン、インフルエンザは回避したものの溶連菌に感染。幸い熱はすぐ下がり、けろっと回復した後は3日ほど暇をもてあましていた息子。外遊びもできないため、自称「画伯」こと深谷父にヘルプを頼みました。

小学校の理科の先生をしていた父は何でも器用に手作りします。この日は「①牛乳パックのビックリ箱」「②ペットボトルのころころ猫ちゃん」「③牛乳ぱっくん」を制作しました。

まず①は牛乳パック2個、輪ゴム、セロテープを用意します。パックを幅2㎝ほどの輪切りにし、輪ゴムがかけられるよう切れ目を入れます。あとは写真のようにテープでつなぐだけ。今回は収納する箱もパックで作りましたが、お菓子箱など、ふた付きの箱を利用してもかまいません。ポイントは箱に収納するときの折り方。輪ゴムを伸ばしながら重ねることでビョ～ン!!と飛び出し、「ビックリ！」となりますので、ご注意ください。4歳の息子は「ビックリ箱だよ～ウフフ……」と差し出すのでばればれです。ぜひ「プレゼントだよ☆」などと、悟られないよう渡してくださいね。

②はペットボトルの直径に合わせて切った割りばしに輪ゴムを取り付け、中に入れます。ボトルの口から出ている輪ゴムをストローにくくりつけてクルクルねじり、床に置くと……。ペットボトルがゴムの力でくるくると車輪のように動き出します。その動きに合わせて、張り付けた猫ちゃんも回りだす、という仕組み。ボトルに色とりどりの毛糸などをつけてストローを手に持てば、回るモビールのようになりますよ。

③は適度な長さに切った牛乳パックの角を対角線状に切り、中の白い部分が見えるよう折り返します。そこに好きなキャラクターを描き、パクパクさせるだけ。今回は息子も大好きな某妖怪キャラに挑戦！　中にカエルでも入れておけばこちらもビックリ箱になりますよ～（ま、私がやられたら激怒しますけどね）。

私がもっているのが③の牛乳ぱっくん

しかし、父は何でもやらせてみる主義で、息子がけがしちゃいそう！　と私がつい手を出してしまいそうなこともガンガンやらせてました。最後に「今度は自分で作ってみるんだぞ」とご満悦の様子で……。

連休中、毎日出かけるわけにもいかない、かといって子どもたちが黙っていない……とお悩みのファミリーの皆さん、ぜひ家にある捨てちゃうものを利用して、楽しい親子工作にチャレンジしてみてくださいね！

（２０１５年５月掲載）

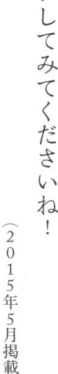

じいじは博士？

土岐川で、「ガサガサ探険」と題した生物調査も…
私も親子で参加しています。
父のおかげで我が家で開く
B.B.Qは大盛況！
子どもたちから「博士〜！」と
呼ばれ、リサイクルおもちゃの
ワークショップをやってくれる
ので、大助かりです！

日本凧づくりも長年の特技の1つ。
多治見の飲食店には、父の凧が飾ってある事も
多くてびっくりです！
幼稚園の頃、単身赴任していた父から、毎週1枚
ハガキが届いていました。
小さい私が「リナリボンちゃん」と
いう名前で主人公になっている
マンガがつづられているのです。
絵が好きなのも、自然に興味
があるのも父から受けついで
いるのかもしれませんね〜！

取材こぼれ話

現在74才の父
長年理科の教師として
学校に勤め、退職後は
多治見の自然体験施設
「地球村」で働いていました。
私が小さい頃は、こたつで
ガリ板に向かって、次の日の授業のプリント作り
をしている背中が印象にのこっています。
現在は、自称「旅人」として、
旅行に出かけては、旅先の
風景を絵ハガキにして
絵画展を開いたり、
子どもむけワークショップを
開いたりと、孫の世話
を頼むヒマもありません。
多治見植物の会
として、地元の植物の
調査もしています。

エコヂカラ!
第3回

「日本一の農村」に自慢のお宿！

岐阜県恵那市の「茅の宿とみだ」。軒下にこいのぼりが見えますか？

日本一の農村風景と聞いて、どこかわかりますか！ 岐阜県恵那市岩村町の富田地区です。１９８９（平成元）年に環境問題を研究する故木村春彦・京都教育大学名誉教授から「農村景観日本一」と評され、全国的に注目を集めました。

昔ながらの瓦屋根と白壁の土蔵が農村に点在し、幾重にも連なる山並みに囲まれた岩村。そのシンボルが「茅《かや》の宿とみだ」（TEL 0573-43-4021）です。地区に唯一残っていた築１２０年の茅ぶきの家を譲り受け、ＮＰＯ法人「農村景観日本一を守る会」の皆さんが運営しています。

戸を開けると……ひんやりとした土間やいろりがあり、昔の農家の風情が

そのまま残っています。

　1棟貸しの宿泊施設として、また土日は五平餅や手打ちそばのランチが楽しめたり、季節のイベントがあったりと、年間3500人が利用しています。ここの五平餅が絶品で…先月は2回も行っちゃいました。甘辛いしょうゆだれに、たっぷりのクルミやゴマやピーナッツのペーストが香ばしくて、たまりません。たきたてのご飯で作っているので、ふっくらやわらかいんです。

　私が幼いころ、父の実家に行くと、祖父が大きなすり鉢を土間に置き、五平餅のタレを作ってくれました。私やいとこはその大きなすり鉢を押さえる係。

　まさにあの味！　なんですよね～。というのも、実はこの茅の宿を運営しているのは、その祖父の娘、つまり私のおば夫婦なんです！　だから実家のように入り浸っています（笑）。

宿を経営する自慢のおば夫婦です

　私にとっては楽しい田舎ですが、維持していくには大変なこともたくさんあります。一番大きな課題は、茅ぶき屋根のふき替え。風雨による劣化はもちろん、カラスが巣作りのために茅を抜いていってしまうそうで、来年にはふき替え予定。今、茅を刈ってためているんだそうです。募金箱もありましたよ。

　また、農村景観を守るために、休耕田や耕作放棄地を作らないよう、営農組合で協力して作物を育てています。私たちもサツマイモの苗を植えてきました。農村風景は人の手が入ってこそ持続できるもの、なんですね。

　5月に行ったときには、茅ぶき屋根の軒下にこいのぼりが泳いでいました。こどもの日である旧暦の5月5日は、新暦では5月末から6月下旬。岩村でも6月にこいのぼりイベントが開かれていましたよ。ぜひお子さんやお孫さんを連れて、自慢のお宿へどうぞ！

（2015年6月掲載）

日本一の農村風景の場合

茅の宿とみだは、一棟貸しの宿泊施設。
田舎体験をしたい人や、
外国の方、古い家屋で撮影
するコスプレイヤーなど、様々な
お客さんが利用します。
土日限定ランチは地元の
野菜や目の前でとれた蕎麦。
大人気のごへいもち!!
ごま・ピーナツ・鬼くるみをすりつぶした香り高いタレ。
ボトル入りで販売しているので家でも重宝します♥

この地方に、古くから親しまれているからすみ
が、並ぶこどもの ボラの卵巣
の、塩漬ではなく、米粉
をねって固めた、

ういろうのようなお菓子です。
この、地元の味を作っているのが、私の
おば、吉村尚子さん。
テレビ取材されると「普通にしゃべっとるのに
字幕つけられるんやよ〜失礼なぁ〜」と、
ボヤいています。やわらかな岩村ことばに
いやされます。苦情が来ないよう5割増しで
美人に似顔絵をかいておきます ↗

取材こぼれ話

朝ドラで人気となった岐阜県東濃地方。
岩村城のおひざもと、城下町の風景も趣が
ありますが、私のおば夫婦が住んでいる富田地区は
山に囲まれた田畑の中にぽつりぽつりと家があり、
そのバランスがすばらしいと、農村景観日本一とされました。

夏はクーラーなしですごせる岩村町。
夜はひんやりと冷えるので囲炉裏に火を入れることも。
囲炉裏から出る煙が茅葺き屋根をいぶして、
虫を防ぐ効果もある為「夏でも火をつけんと
かんのやよ〜」(恵那弁)とのことでした。

エコヂカラ!

第4回

「みつばち会議」は多様で濃～い世界

ミツバチについて熱く語る茶畑さん（右から３人目）や吉澤さん（同４人目）

毎朝、手づくり野菜ジュースを飲んでいます。ここに欠かせないのがはちみつ！ しゃべる仕事なのにのどが弱い私は、殺菌力が強いという「マヌカハニー」（ニュージーランド産の「マヌカ」の花からつくられるはちみつ）も常備。はちみつには結構詳しいつもりでした……が！ 先月7日、名古屋で開かれた「みつばち会議」で勉強し直してきました。

会場となった千種駅近くの「空色曲玉《そらいろまがたま》」は、築130年の米蔵だった建物を改装したオーガニックカフェ。素足から木の床のひんやりした感触が伝わります。

ミツバチは植物の受粉を手伝う、豊かな環境づくりの担い手。でも近年、農薬や環境の変化によって姿を消してしまっているとも言われます。そんなミツバチの現状を訴えようと、オーナーの谷陽子さんの呼び掛けで集まったのは、名古屋市在住のイラストレーター、茶畑和也さんをはじめ愛知や岐阜、長野などで養蜂に取り組む5人。日焼けしてたくましそうな男たちばかりでしたが、そろいのTシャツはミツバチを思わせるかわいい縞《しま》模様。「会議」といってもくだけた感じのトークを、私たち40人ほどのギャラリーがドリンク片手に聞き入り、質疑応答するというイベントでした。

岐阜県多治見市の養蜂家で「APIS LIFE（アピスライフ）」代表の吉澤大志さんは、東濃地方でニホンミツバチが集めた蜜を採っています。セイヨウミツバチがレンゲやアカシアなど1種類の花から蜜を集めるのに対し、ニホンミツバチはさまざまな花からちょこまかと集めて、いわゆる百花蜜をつくります。吉澤さんのはちみつも採蜜する場所ばかりか、巣箱一つ一つですべて味が違うんだそうです。食べ比べてみたい～と思ったら、会議の合間に外国産から国産まで、何種類ものはちみつの味比べができました。吉澤さんのはちみつは、さわやかな甘味がクセになりそうでした！

会場はミツバチグッズがいっぱいでした！

しかし現在、市場に流通しているはちみつは、ほとんどがセイヨウミツバチ由来。明治時代に輸入されたセイヨウミツバチが、ニホンミツバチに比べて5～10倍の蜜を採れるからです。しかも、ただでさえ貴重なニホンミツバチは、近くの畑で農薬が散布されると死滅してしまいます。住宅街では隣の除草剤でやられてしまうことも……。周りの人々にも協力してもらわないと、ミツバチは生きていけないんですね。

スズメバチに刺されるなど、命にかかわる経験をしながらも、「ハチを語りだすと止まらない」とそれぞれ濃～いキャラクターの参加者たち。はちみつも人間も「多様性」を感じた一日でした！

（2015年7月掲載）

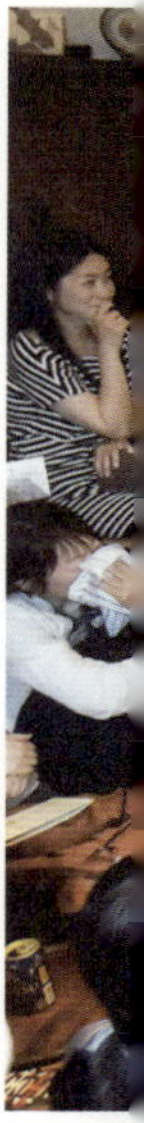

日本ミツバチの場合

この時学んだ
日本ミツバチについては、
食や農に興味のある
人だけではなく、人間に
とってとても大切な話です

お店に並ぶはちみつは
大部分が西洋ミツバチのみつ。
明治時代に外国から輸入されたもので
いわば外来種。日本ミツバチは元々日本にいた種
基本的に西洋ミツバチは養蜂として飼われているので
私たちの身近で見かけるハチは日本ミツバチと
考えて良いそうです。

ハチが蜜を集めるときに受粉が
行われる為、ハチがいないと
作物はつくれません。

世界の種の産地である
ニュージーランドでもミツバチの
大量死が問題に
なっているそうです。
人類の未来に大きく関わっているミツバチなのです。

取材こぼれ話

JR千種駅近くにある
オーガニックカフェ 空色曲玉、
このみつばち会議の会場
となったカフェで 私も以前から
通っていました。
滋味深い野菜のごはん、
ふらっと食べに行ったり 子どもと
一緒に 仕事終わりで寄ったり。
築170年の元米蔵は 床が
ひんやり すずしく、天井も高くて
心地良かった。何よりオーナーの
谷陽子さんの 飾らない 語り口。
たまに 半分刈り上げのファンキーな ヘアスタイル
にされていて、ひそかに憧れてました！
お店は 6/2で閉店…
谷さん手作りのエプロン
を、今も愛用している
だけに、閉店は、
とても悲しい。
おいしい ごはん、
ごちそう様でした。

ヒモをぬいつける
シンプルな
エプロン
がばっとかぶるだけ！

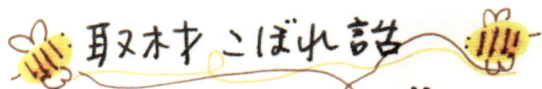

エコヂカラ!
第5回

おしゃれ靴下は古さを大事に

ディレクターの中村美穂さん（左）と

夏でもレッグウォーマーしている冷え性の私。五本指のシルクや綿の靴下を4枚くらい重ねてはく「ひえとり」に挑戦したり、しょうが湯飲んだり努力しています……が、それとは関係なくても、靴下、大好きなんです。シンプルな洋服に靴下だけ派手色にしてみるなど、気分があがるアイテムなんですよね〜。

そんな私のおすすめブランドは、江南市にアトリエを構える「靴下のhacu（はく）」。柔らかい糸で編まれた、ちょっとかわいい靴下。絹や綿、麻、ときには紙の糸やオーガニック素材を組み合わせて作られています。値段も一足500円から800円ぐらいで手ごろ。一度はくと、やみつきになるはき心地です。

作っているのはディレクターの中村美穂さん。1973（昭和48）年創業の靴下製造会社に嫁ぎ、子育てが一段落して家業を手伝おうと思ったころ、当時の社長である義父が「これからはネットの時代だ！　ネットショップやろう！」と宣言。だったらオリジナル商品をつくらなきゃ、と美穂さんが考案した靴下を2006年から販売し始

めたところ、若いお母さんたちに大人気。今や女性誌も注目のブランドになっているのです。

何気なくはいている靴下ですが、①デザイン、②糸選び、③編む、④裏返す、⑤つま先を縫う、⑥もう1回裏返す、⑦熱で形成する、⑧内職さんとこでパッケージ……と、ものすごい手数がかかっているんです。デザインそれぞれで使う糸の太さも素材も違うし、ニッター（編む工場）の性質が商品に出ることなども考えながら、商品になるまでをディレクションしていきます。靴下を編む機械は多種多様で、古いものが多いそうです。故障すると、古い機械から部品をもらったり、直す工具を手作りしたりすることも。人も機械も古いけれど、一緒に歩んできた、目には見えない「なにか」があるそうです。美穂さん自身が職人に弟子入りして機械の扱い方も勉強したため、「手のかかる古い機械ならではの手作り感が出る」「人の手がかかっていることが伝わる」と感じながら使い続けています。

現在はネットでの販売が中心ですが、各地のマルシェに出ることも。実店舗は名鉄犬山線江南駅から西へ約1km（江南市大間町新町67、TEL 0587-55-5075）。8月11日までイギリスのアンティーク雑貨などを紹介する「cocon ふるいもの展」が開催されていました。営業時間は直接お問い合わせするか、公式サイトをご覧ください。

家族で成長しながらずっとはいてほしいと、ベビーからメンズまでサイズも豊富。そうそう、ひえとり靴下もありますよ！

（2015年8月掲載）

江南市の店舗はこんなにおしゃれ！

靴下のhacuのばあい

ディレクターの美穂さんはじめ
スタッフさんも皆、お洒落で
かわいい…♡
こんな可憐でセンスの良い人たちから
hacuのくつ下が生まれてくるんだナ〜と
納得しました！
人気が高まるにつれ、近所の方から
「あそこのお嫁さん、やり手だなアー」との
声が……。。
本人はやり手という感じじゃなく、ナチュラル美人さん
ですけどね！美穂さんとは仲良くしてもらい
沢山の方をご紹介
頂いています。
Risaの陰のプロデューサー
です。

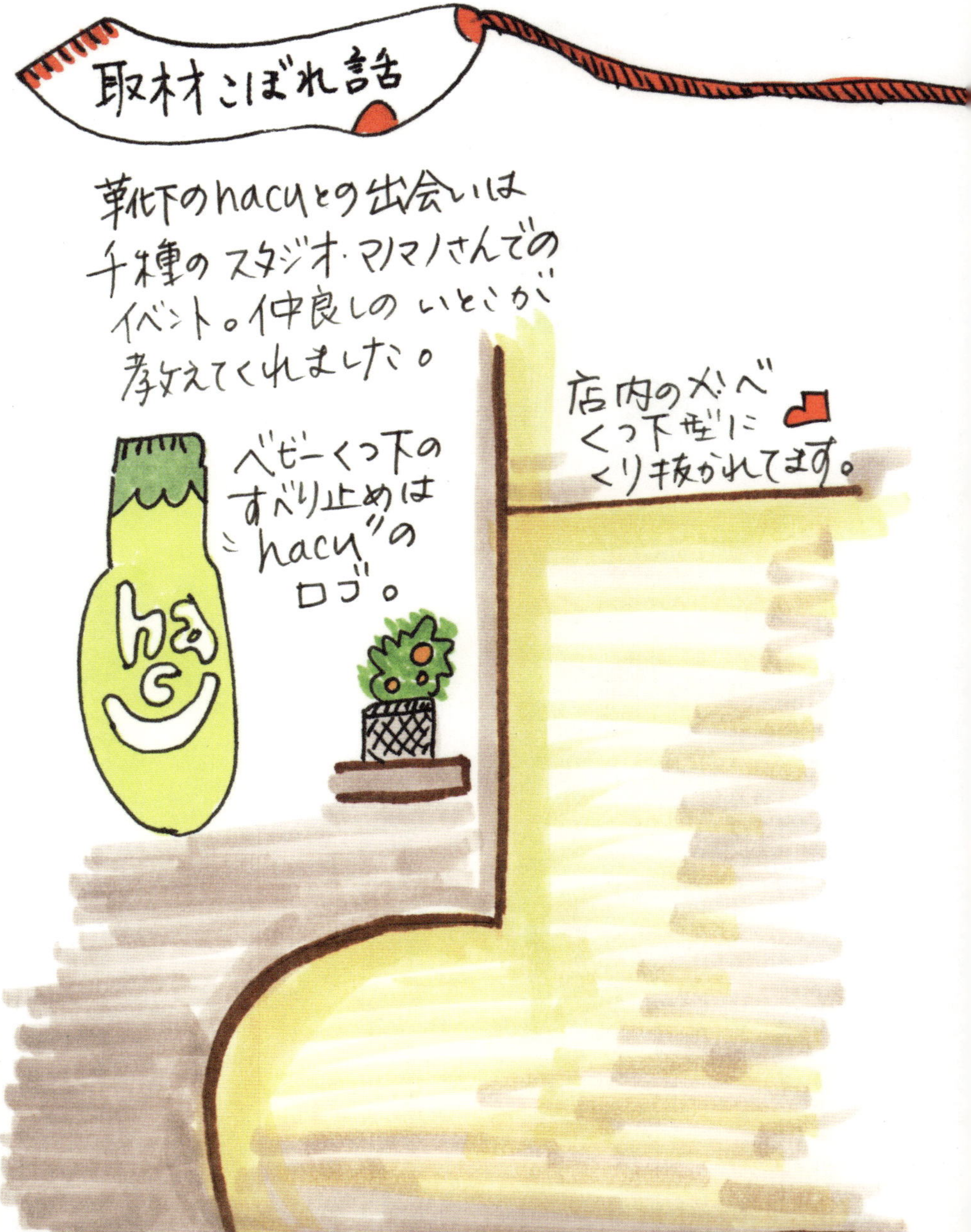
取材こぼれ話
靴下のhacuとの出会いは
千種のスタジオ・マノマノさんでの
イベント。仲良しのいとこが
教えてくれました。
店内のかべ
くつ下型に
くり抜かれてます。
ベビーくつ下の
すべり止めは
"hacu"の
ロゴ。

エコヂカラ！

第6回

東北の海と人のきずな感じて

「すし哲」の絶品おすし！

先月、家族旅行で仙台へ行ってきました。東北6県物産展で毎年来名する「すし哲」でおすしを食べることが旅行の目的！　深谷家の旅はいつもそうなんです。前回伺ったのが6年前……ずっと気になっていた場所にやっと行くことができました。

仙台駅からJR仙石線でさらに約30分、「本塩釜」駅前にあるすし哲本店は震災のとき2・1mの津波に襲われました。今も店の入り口には「ここまで津波が来ました」という張り紙がしてあります。幸い、鉄筋コンクリートの建物は無事。震災後の4月下旬には復活し、連日満席の人気！　塩釜でしか食べられない、味の濃い近海マグロは唇を固く結ばないとジューシーさがほとばしりそうなくらいです。

順調に見える塩釜ですが、すし哲のまわりはガランと見通しのよい更地が残ります。ここに以前来たときは市場が並んでいたはず……。塩釜以外の場所でも、見通しのよい風景がそここに見られました。

　そのすし哲でいただいたウニの産地が塩釜市の隣、七ヶ浜町です。名前の通り、7つの浜に囲まれた町。その浜の一つ、東北で最初に開かれた海水浴場、菖蒲田浜《しょうぶた》に行ってみました。さらさらの砂の感触が心地よい、美しい浜。でも、隣では津波で破壊された護岸を直す工事がまだ続いていました。浜はきれいになっても、管理する地元の人々が高台移転してしまったため、監視員や海の家など、海水浴場としての条件をそろえて再開することは難しいんだそうです。

　それでも、町は今年中に復興アパートが建設完了し、仮設住宅も来年夏ごろ撤去が始まる見通し。ほかの沿岸部に比べ復興がずいぶん早いこの町には、名古屋の認定NPO法人「レスキューストックヤード（RSY）」が発災直後からサポートに入り、4年たつ今も事務所を構え、住民の憩いの場である「きずなハウス」や、手芸品などをつくる「きずな工房」を運営しています。仮設住宅を抜けた高台には「きずな公園」があります。名古屋のブラザー工業が社内で募った寄付金をRSYに託し、地元の要望を聞いてできた公園です。遊具を設置したのは名古屋建設業協会。コンクリートの土台をあらかじめ名古屋でつくって現地に運び、1週間という短期間で公園を完成させました。さすが建設のプロです。

七ヶ浜の「きずな公園」を案内してくれたRSYの郷古さん

　仮設に住む子どもたちは狭い部屋で居場所がなく、勉強も静かにできない。夜、街灯の下にたむろする子もいたそうです。そんな状況を何とかしようと、バスを利用した勉強場所「きずな号」もできました。今は子どもたちなりに自分の居場所を作れているそうです！震災から4年半たち、今必要なのは「人と人とのつながり」だとRSYの郷古《ごうこ》明頌《あきつぐ》さん。環境の再生は「人」あってこそなんですね。絆をつなぎに、また会いに行きますね！

（2015年9月掲載）

宮城県七ヶ浜のばあい

塩釜のとなり、仙台からは車で30分の町にあるのが
七ヶ浜町。
海ぞいに7つの集落が
あったことから名付けられました。
東日本大震災による津波
被害で、町の1/4が浸水
した大変なところです。
明治21年開設の歴史ある
菖蒲田海水浴場も波に
さらわれました。
名古屋からも支援しようと「レスキュー
ストックヤード」と名古屋市中川区の
洋菓子フィレンツェ、(株)山田組、
(株)ナックプランニングが協同してつくったのが
「七ヶ浜 RAINBOW Project」
現地のきずな工房で作った布小物と名古屋の
スイーツをSet販売し、作った人の収入にしようと
いう取組でした。今はもう行っていませんが、元気な
東北へ出かけるという事は続けていこうと思います!

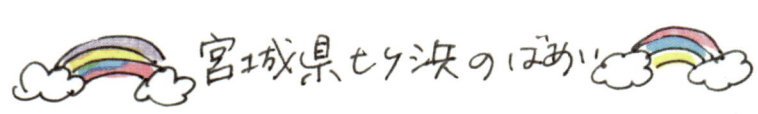

取材こぼれ話

15年間 家族ぐるみで
お付き合いさせて頂いている
すし哲さん。塩釜と
仙台駅エスパルに
お店があります。
日本一のマグロを握る
「塩釜すし哲物語」
という本まで出ています！

宮城へ行かないと
食べられないすし哲の味が
日本で唯一、名古屋でたのしめる
のが松坂屋の東北6県物産展。
カウンターへうかがうと、「このおすしを食べたから、また
1年がんばれる」とか、「親方に
会いたくて塩釜へ行ったヨ～」
などと、熱烈なファンが一杯。
元はデザイナーだった親方の
直筆メニューも食欲をそそります。
口の中でシャリの1粒1粒が
ほろほろとほどけていくような…
本当に、美味しいんですヨ！

エコヂカラ！

第7回

屋上遊園の楽しさはいつまでも

松坂屋名古屋店の屋上遊園を守り続ける田中国彦さんと童心に返った私！

最近のお出かけといえば5歳の息子のお気に入り、デパートのおもちゃ売り場（見るだけ～の約束の上）と「屋上遊園」がお決まりコース。今は少子化の影響か、全国の屋上遊園が減っているとも聞きます。高層ビル化する都心では屋上に出られないというところも。しかし、名古屋・栄は三越と松坂屋、数百mしか離れていない近距離に屋上遊園が2つもある全国でも珍しい遊園のホットスポットなのです！

名古屋栄三越の屋上には、登録有形文化財の観覧車（昭和31年製）があり、人は乗れませんが、毎週日曜日に動かすのを見ることができます。

一方、松坂屋名古屋店本館の屋上遊園は、レールの上を走る軌道列車が

４つもあり、乗り物が充実しています。どれもピカピカにきれいで、１００〜２００円で自由に乗れる列車は魅力的。毎日の手入れも大変なのでは？ と、委託管理している加藤工業の田中国彦さんに話を聞きました。

23年前、屋上遊園で仕事していた田中さん、いったん転職しましたが60歳を超えて今年４月、屋上遊園に帰ってきました。そのとき田中さんの目に映った光景から思ったのは……お客さんを迎える体制じゃない！

まず見た目がきれいでないと、親は子どもを安心して遊ばせることができない、と枕木を替え、列車や柵をきれいに磨き、広い床もきれいにして古い遊具を生まれ変わらせました。現在ある遊具は１０８台。中でもクレーンゲームが34台もあり、全国的に知られているそうです。初心者マーク付きの取りやすいクレーンもあるので、長野県から毎月通うファンもいるとか。

松坂屋の遊技場の歴史は古く、松坂屋史料室によれば前身の「いとう呉服店」だった明治時代からあり、ブランコなどが設置されていました。大正時代に現在の場所に移転してからはメリーゴーラウンドや子ども汽車、動物園もでき、高度経済成長期の昭和30年代には水族館もあったそうです。

ただし、どの遊具もメンテナンスに手間と費用がかかります。今はテニス場やフットサルコートに変わってしまうことが多いようですが、それだと限られた人しか来ません。遊園なら子どもから親、祖父母、カップルまで、さまざまな世代の人が集えます。「大人になって、自分の子を連れてあいさつに来てくれる人もいます」と田中さんは目を細めます。

この夏の屋上は最高44度まで気温が上昇。20年前に比べて１〜２度は上がっているという、地球温暖化を肌で感じる環境だったそうです。ようやく涼しくなり、さらなるメンテナンスに精を出すという田中さん。世代を超えて愛される場所であり続けるのは、人もモノもピカピカに輝いているからなんですね。

屋上遊園は本館８階と連結。営業時間は10：00〜18：00 詳しくは同店（TEL 052-251-1111）へ。

（２０１５年10月掲載）

デパートの屋上遊園地の場合

子どもの頃は屋上ってだけで
普段入れない特別な場所と
いうイメージでした。
ここに上ってくると、いつもは
地上から見上げるだけで
遠くにある看板も目前！
なんだか不思議な
かんじです。
都会のまん中で目線を
変える事ができる貴重な
場所なのかも？
最近の高層ビルは、高すぎて外へ出られない
つくりの所が多くなっています。風を感じながら
名古屋を楽しめる
スポット。
気分転換
できますョ！

取材こぼれ話

松坂屋の屋上遊園が、キレイになっている！と

うわさを聞いて、取材に
行ってみました。
たくさんの乗り物や
床をみがいていたのは
1人の男性。
会社から命令された
訳でもないのに自ら
「キレイじゃないと子どもが
安心してあそべない！」と、
毎日コツコツ修理や
清掃をしていたのです。
たった1人でここまで…
と、びっくりしました。
昭和にはにぎわっていた屋上。当時はステージが
あり、人気アイドルのレコード発売イベントがあったり、
子どもに人気の戦隊ヒーローショーがあったりと、
盛り上がっていました。
今はステージもなくなってしまいましたが、若者カップルや
老夫婦、子どもづれや時にはスーツ姿の男性も。
広い世代が集ういこいの場になっています。

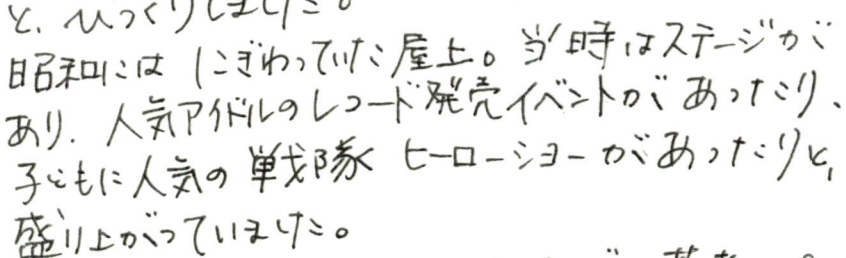

「たね」からつながる自然への思い

アイランドサーフの鈴木さん（左）とシェアシードの棚。ぜひシェアしに来てください！

「シェアシード」って聞いたことありますか？「シェア」は「分ける」、「シード」は「種」。私はこの夏、海の近くのショップで初めてその言葉に出会いました。

シーカヤックを体験するために訪れた西尾市の寺部海水浴場。その拠点となっているのが海のまん前にある「アイランドサーフ」です。マリンスポーツの道具やナチュラルな洋服、雑貨を扱うお店で、ここで着替えてインストラクターと一緒に海に出るスタート地点。

海を楽しんだあと店内を見ていると、大小さまざまなびんに入れられた小さな種たちがありました。なにかな～と見ていたら、店のお兄さんが「育ててみます～？」と。

そのお兄さん、店員の鈴木達郎さんが、シェアシードの仕組みを教えてくれました。まず自分が収穫した種を、種の名前や育て方などを描いて「たねBOX」と呼ばれる棚に置きます。この種は無料でもらえます。受け取った人は家庭菜園などで種を育て、うまく種が採種できたら再び「たねBOX」に新しい種を寄付するという、種の循環システム。人と人、種と種がつながり分かち合うことで、地域の自然が豊かにつながるのです。

プロジェクトはハワイから始まってアメリカ全土に広がり、市場やカフェ、図書館などに棚が設置され、種がシェアされています。日本でも地元の伝統野菜に注目が集まる中、在来種や固定種など、遺伝子組み換えされていない種や作物を広げようと、各地のオーガニックカフェなどを中心に広がっているようです。

「誰でも育てられます！」という鈴木さんのオススメで、私もイタリアンパセリをもらってきました。プランターにまいたところ……すぐに芽が出ましたよ！　種がとれるまで大きく育てたら、今度は私の種を誰かに託したいなあ～。

西尾市の寺部海水浴場近くにあるシェアシード

アイランドサーフの隣には石釜ピザの店やカフェもあり、農園の野菜をとれたてで提供しています。通常、流通している農作物は、実や葉を収穫してしまうので、種をとるまで育てることがほとんどありません。だから種のできない品種が開発されているくらいです。鈴木さんたちは自ら農園を手がける中で種の大切さに気づき、シェアシードを始めたところ、種をきっかけに話が弾むこともあり、意外な広がりを感じているそうです。

大きな海を見ながら潮風に吹かれていただくご飯は絶品。デッキに座るだけで気持ちが開放されていきます。自然と共存するこのお店は、海が荒れればお客さんは来ませんし、冬の時期はマリンスポーツもお休み。そのため店内で服や器の展覧会を催すなど、形を変えて営業します。種のお話をじっくりと聞けるチャンスかもしれませんね。ハワイから伝わったマリンスポーツと同じく、ハワイからつながるシェアシード。自然のサイクルに自分も参加できる楽しみの仲間に入りませんか？

西尾市寺部町笠外186-36
TEL 0563-62-3033　営業時間は水曜から日曜の11：00～19：00

（2015年4月掲載）

シェアシードの場合

オーシャンで使う食材は敷地内と近所の畑で育てています。ニホンミツバチの巣箱もあり、畑をブンブン元気にとんでいました！
スタッフもこの環境にほれこんで集まった人々。心地良い空気が満ちてます。
今、種の世界は大変な事になっているんです！
オーシャンで行っているような「自家栽培の野菜から種をとる」ということは、農家ではほとんど行っていません。1つでも多く出荷したいから種をとるための実を残さないし、種はF1種を毎年買うもの、となっているんです。（異なる性質をかけあわせて収穫に適したものができるよう作られた種。第2世代は優性さが表れない為、一代限りしか育てられない種）本当にこれで良いのか!?考えてしまいます…。

取材こぼれ話

西尾市の寺部海水浴場の目の前にある
ISLAND SURF。こちらは、約40年前開設の
波のおだやかなビーチでのカヤックや、スタンドアップ
パドルボードなどのアクティビティを提供しています。
ショップの上には、斜面を利用して、お店が
建っていて、石窯PIZZERIA OCEANと、
CAFE OCEANという2つのお食事スポットとなってます。
海を見ながら、風をうけながらの食事はサイコー！
すばらしい景色です。

エコヂカラ！

第9回

冬のお部屋あったか計画！

わが家で取り入れた樹脂性内窓。色違いなのはカラーバリエーションの見本のため。
相談に乗ってもらったLIXILリフォームショップ山田組の井上聖一朗さん（右）

寒いですね〜冬ですね……。おいしいものがたくさんある冬、大好きなんですが、やっかいなのは風邪！

別名「ガラスののど」を持つ深谷は外出時や就寝時のマスク、うがい、手洗いが欠かせません。家にいるときも、暖房はエアコンより乾燥しない灯油ファンヒーターを使い、加湿器をフル稼働させているんですが、それに伴う部屋の結露とカビに悩まされていました。かといってのどのために加湿をしないわけには……と悩んでいたところ「お部屋のリフォームで、ある程度は対応できますよ！」と教えてもらいました。

結露の原因は内部と外部の温度差。冬は外が冷えます。家の中でも特に北側の部屋は太陽が当たりにくく冷えやすい。そこで室内を暖めて加湿すると、外気にさらされ冷えた壁についた水分が露《つゆ》になってしまうのです。

さらに、家の中の温度の逃げ道は外壁15%、開口部58%というデータ（省エネルギー建材普及促進センター）も。ポイントは窓！なんです。窓から熱が逃げるのを抑え、外気温の影響を受けにくい部屋にするには、今ある窓はそのままにして「内窓」をつけるだけで効果があるとのこと。それならと、内窓でさらに「樹脂性」の窓枠をつけてもらうことにしました。

通常の窓枠はアルミ。わが家の窓もアルミサッシです。風雨にさらされる外窓はアルミ枠のほうが耐久性に優れ、さびない、変色しない、軽いといった利点がたくさんあります。でも、熱伝導がよいので内外の温度差ができるのです。最近のアルミサッシは窓枠部分を細くして、アルミの面積を少なくするなど進化しているようですが、外窓を変えるとなると、外壁工事も絡んで大変！　そこで、内部に内窓をつけることで外気の温度に左右されにくいお部屋をつくることにしました。

樹脂の熱伝導率はアルミに比べて約千分の1。外窓と内窓の間に空気層もでき、断熱効果だけでなく、防音効果も生まれるんです。私は冬対策で樹脂内窓をつけましたが、夏の冷房効果も高まり、省エネにもなるようです。

内窓工事は約1時間！　住宅関連企業LIXIL（リクシル）のショップでデモンストレーションを見せてもらったときは、数分で設置完了。早さに驚くと同時に、生活しながらリフォームできるとわかって安心しました。さらに、部屋の壁におしゃれなレンガのような壁材を張ってもらいました。「多孔質セラミックス」という目に見えないほどの小さな孔《あな》を持つ素材で、珪藻土《けいそうど》の5～6倍の吸放湿効果で湿気を適度に保ち、臭いも吸収してくれるんです。今はいろんな素材が開発されているんですね～。

文明の利器のおかげで　今年の冬はお部屋あったか、結露知らず&風邪知らずで過ごせそう！　この冬が楽しみです。

（2015年12月掲載）

内窓リフォームの場合

ちなみに本編にも書いた私のガラスののどですが、とにかく乾燥が大敵と加湿しまくってました！

井上さんによると「それはやりすぎですね——」とのこと！

灯油ストーブを使用していると、湿気は保たれるので、さらに加湿しなくても充分。

しすぎると、結露からカビをまねいてしまう事も。

リフォームした次の年は思い切って加湿器なしですごしました。

なんと、そのシーズン、風邪をひかなかったんです。

良かれと思ってやっていた事が逆効果だったのでしょうか？

正しい対策をしないといけないなア〜と、勉強になりました！

店長の井上さん
地元の公共土木工事の会社山田組のリフォーム部門です。大きな工事からおうちのことまでOKです！

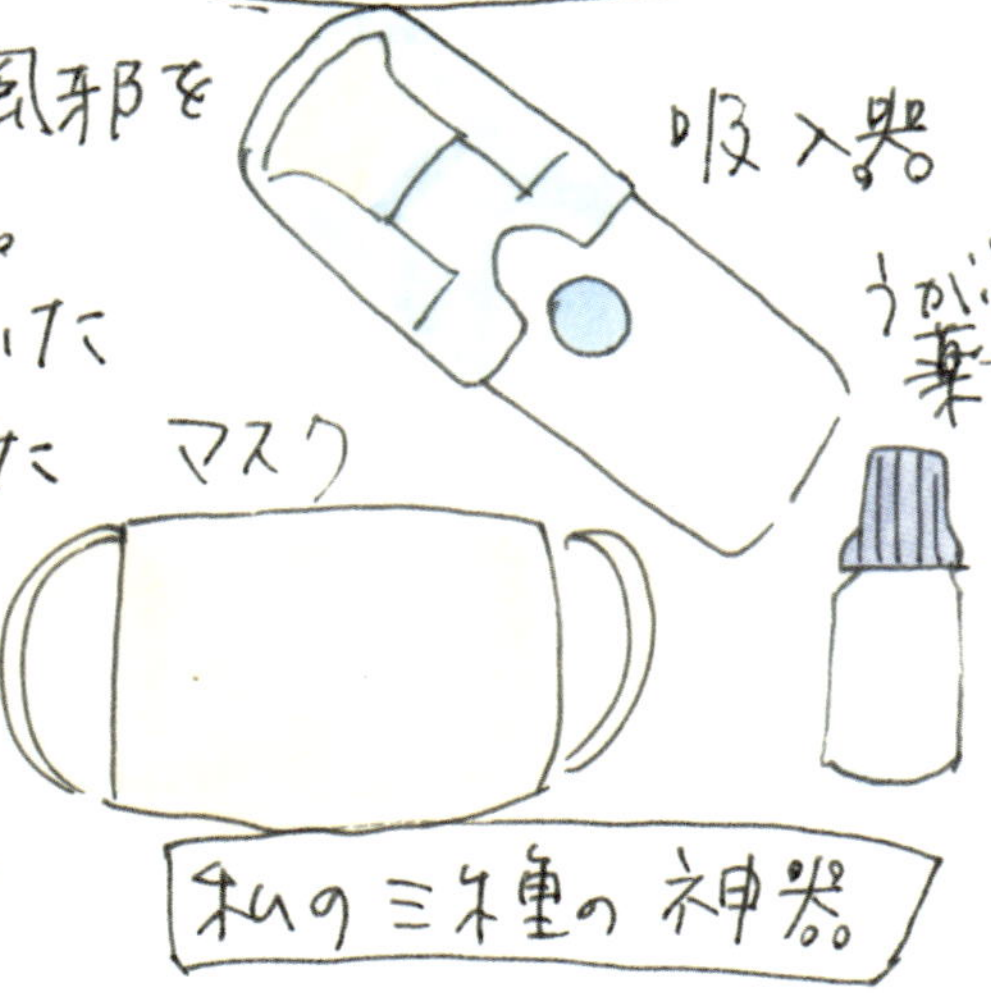
吸入器
うがい薬
マスク
私の三種の神器

取材こぼれ話

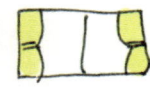

冬の悩み…それは結露
窓を開けておけばいいんですがすきま風で冷えるし
そこで…　内窓をつけて対策しました！

公園の樹木がみえます。ねこも窓の外見ながら、お部屋は快適〜

とくに北の部屋は、マンションの外階段と接している為、外気にふれる面積が広くて、冷えるとのこと。プロに見てもらい説明をきくと納得できます。家のトラブルがあったときに相談するのが『LIXILリフォームショップ山田組』店長の井上さん。

すぐに飛んで来てくれて、内窓＋エコカラットのはりつけで対策してくれました。

玄関ドアにも、鉄トビラの上からシートをはって、さわった時の「ヒヤリ」も軽減。

結露はほとんどなくなりました!!

エコヂカラ!
第10回

小さな出版社の大きな決断!

うだつの上がる町並みに「エムエム・ブックス みの」を開いた服部みれいさん(左)

お正月は地元名古屋に帰省された方も多いのでしょうか? 私は岐阜県多治見市生まれ、これまで東海地方から出たことがありません。ぬくぬくこの地で生きてます(笑)。

新年にご紹介するのは、昨年3月に岐阜県美濃市に出版社ごとお引っ越しした「mmbooks(エムエム・ブックス)」です。東京から、スタッフも一緒にです!

自然や体をいとおしむ雑誌「murmurmagazine(マーマーマガジン)」を出版し、女性からの絶大な支持をうけている編集長、服部みれいさんは、ご両親の出身が美濃市。5年前の東日本大震災後、編集者としてどんな本を出すのか、生活者としてどう生きるのかを考える中で、折に触れ帰省していた美濃市が大きな存在になっていました。

都会で自然を取り入れる生活を続けることはできる。でもそれも限界に来ているのではないか、もっと土に近いところで暮らしたいと決心し、美濃のうだつの上がる町並みに編集部を構えました。

いざ生活を始めると、伝統行事が旧暦で執り行われることや、顔を合わせるたびにおしゃべりをすること（1時間くらいだらだらと……！）、野菜などのもらいものの多いことなどにビックリ！ しかし、そのすべてが地域をつなぐ大切な要素となっていることに気づき、仕事柄さまざまな取材に出かけていても、「自分はまだ日本のことを知らなかったんだ」とショックを受けたそうです。

美濃では新入りのみれいさん。知り合いといえばご自身の親世代。これまで東京では近い世代の人々と関わるだけだったのが、美濃にきたら交友関係の幅が広がり、今では近所の子どもから90歳の隣のおばあちゃんまで付き合う年齢層が広がりました。地域全体がゆるやかな大きな家族のよう。

一番実感しているのは「なんだか体の調子がいい！」。これはmmbooksのスタッフみんなが実感していて、どうしてなのか考えた結果、空気と水がきれいだから、という結論に至ったのだとか。毎日吸う空気、体のほとんどを構成する水――。言われてみれば、食べ物以上に体への影響が大きいですよね。

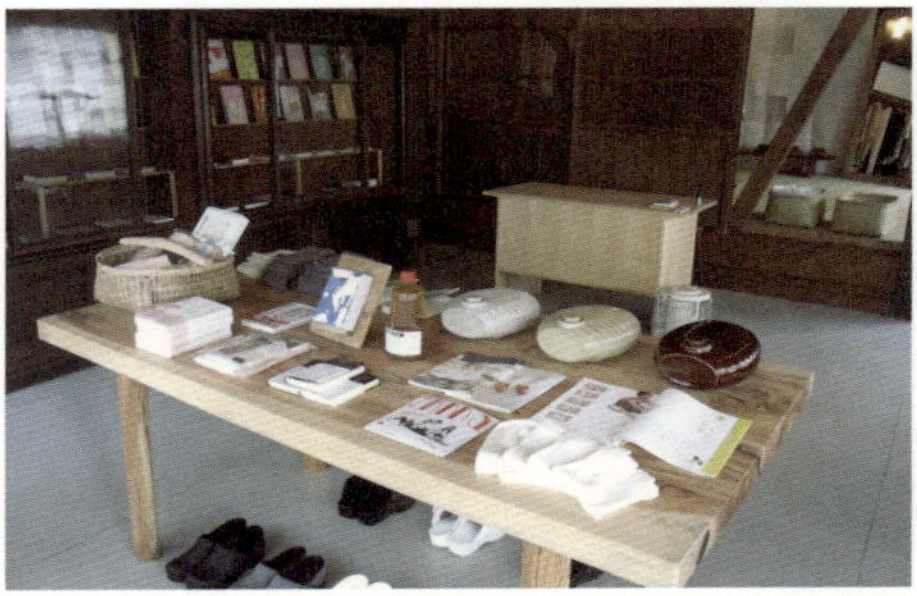

店内には私も愛用したい冷えとりグッズなどが！

出版社って、東京にあるものだ、と思っていた私も、とても新鮮な思いで話を聞かせてもらいました。そして東海地方って魅力いっぱいだということも！ mmbooksの皆さんのように、大きく新しく変わることは難しいですが、日々を丁寧に、新しい年を重ねていきたいです。

雑誌の他、服部さんが選んだ冷えとりグッズや湯たんぽ、洋服、おいしいお茶もある「エムエムブックス・みの」は美濃市俵町2118-19（長良川鉄道「美濃市」駅から徒歩約10分）、営業時間は水曜から金曜が12:00～17:00 土日が10:00～17:00 月火定休。TEL 0575-46-8168

（2016年1月掲載）

エコヂカラ!

第11回

人にも環境にもやさしい靴

名古屋の正規ショップの店員、望月輝久さん

寒い毎日、ついついロングブーツで覆ってしまいがちな足元をアクティブにする靴を見つけちゃいましたー!「Dansko（ダンスコ）」というアメリカ生まれのコンフォートシューズ。見た目は神主さんがはいている浅沓《あさぐつ》に似ています。土踏まずと甲が支えられていて、足の指とかかとはフリーな履き心地。靴底は硬めですが、歩きやすいようにややカーブしていて長時間、履いていても疲れないんです!

もともと、調教師だった創業者が馬の買い付けでデンマークに行ったとき、地元の木靴を見つけたのが始まり。ダンスコとはデンマークの靴という意味なんです。その後、改良を重ねつくられた靴は、医療現場やレストランのスタッフに支持され、今は日本など世界6カ国で販売されています。

　ペンシルバニア州の本社は、太陽光や風力などの再生可能エネルギーで100%の電力をまかない、壁面緑化や雨水利用の環境に優しいオフィス。商品もCO_2排出を最小限に抑えて生産された「LITE（Low Impact To the Environment）」という認証の付いたレザーを使用、カタログや靴箱は回収古紙や大豆油のインクを用い、それでも環境負荷がある部分はカーボン・オフセットを活用して埋め合わせるなど、非常にエコ意識の高い会社なのです。

　市営地下鉄・久屋大通駅から北へ徒歩1分にあるショップ「dansko to…」（東区泉1-14-23、TEL 052-971-7600）の望月輝久さんによると、来店客の9割が女性。なんと私も長年、悩み続けている「冷え取り」と相性がいいという理由で訪れるお客さんが多いそうです。

　靴下を何枚も重ね履きする冷え取りは、足元にボリュームが出るので合わせる靴に悩みます。でも、ダンスコなら少し大きめのサイズを選べば、違和感なくスポッと履けてちょうどいい。エシカルなファッションにマッチする上、革靴なのである程度フォーマルもいけるのです。

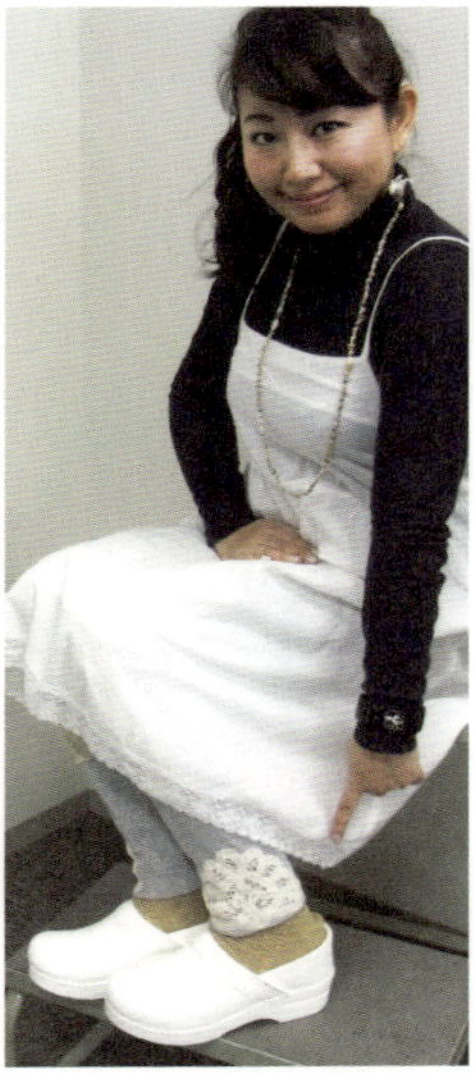

私の愛用品はコレ！

　私が愛用しているプロフェッショナル（2万2000円ほど）は、かかとがあるように見えますが、ひっかからず、とてもフリーな履き心地。でもヒールがあるので足長に見える！と良いことづくめ。他にもバックベルトの付いたイングリッドや、ブーツなどさまざまな形があります。

　東京から名古屋にきた望月さんの実感として、名古屋は冷え取りに悩む人が多いようで、「これを履くとほかのものは履けない」と大人気。長年ヒールを履いていて外反母趾《ぼし》で悩む方にも好評です。履き心地を確かめるため、お店の周りを1時間くらい散歩してから決める方も。さらに、ダンスコを履いて富士山に登った人もいるそうで……凄いですね〜。私も縮こまっていないで、この靴で自然の中をガシガシ歩きたいと思います！


（2016年2月掲載）

mm booksのばあい

編集部でもあり、お店でもあるこの建物の中には
mm booksの本や、みれいさんの著書、ゆたんぽ
自然食品、ひえとりくつ下が並んでいます。
足元をレッグウォーマーや、くつ下重ねばきであたためて
いるからか、スタッフの皆さん、意外と
薄着！ 皆さんがはいていた
ダンスコというくつは、
早速愛用しています。

ダンスコは
高さもあり
足長効果も！
少々重いですが
歩きやすい
です。

さらに影響をうけやすい
私…みれいさんがすすめてくれた
塩浴（えんよく）
あらじおを濃い目に溶かした湯で
体や髪を洗います。これが不思議
と、スッキリ…

お清めの塩でもない
のですが、疲れたとき、
たまに塩浴しています。
髪もきしまず、サラサラに。
マッサージするように使うと
なぜかヌルヌルしてくる〜。

ちょっとあやしく感じるかもしれませんが……
すっかり私の"あたらしい習慣"になりました。

取材こぼれ話

うだつの上がる町並の
古い日本家屋にかかる
大きなのれん。
淡いピンクもかわいい
こののれんの中に
服部みれいさんと
仲間たちがいます。
みれいさんは編集者、
詩人、文筆家として、
また絹や綿のくつ下を
重ねばきする「ひえとり」や
自分の描くポジティブな未来をイメージ
する「オ・ポノポノ」など、悩み多き今を
生きる人へのヒントをたくさん提案して
いるミューズのような人。
同い年の友人、写真家の
中川正子ちゃんが「師匠」と
あおぐその人に会ってみたい
と、美濃へ出かけました。

ふわりと薄着な
みれいさん →

エコヂカラ!

第12回

取っ手から生まれたとっておき！

工房で「ほろほろ人形」をつくる佐伯知子さん（左）と

22ページで紹介した江南市の「靴下のhacu（はく）」。店内で天然素材の靴下などと並ぶ、かわいらしい木の人形を見かけました。何ともいえない丸みとつぶらな瞳に魅せられて、その人形をつくる工房まで押しかけてしまいました！

岐阜県各務原市の小高い山の中腹、住所もそのまんま山の前にある「山の前製作所」。佐伯友裕さん、知子さん夫妻が営む家具製造販売の工房です。養鶏場だった建物で、自然の光と風がいっぱい。冬は寒く、夏は暑いというアウトドアな状況ですが、春になるとその隙間から桜の花びらがはらはらと舞い落ちて、それは美しいのだそうです。取材の日も、きらきらと暖かな日差しが入り、まきストーブ（もちろん、燃料は端材）の暖かさと相まって、すてきな空間でした。

hacuに並んでいたかわいい人形は「ほろほろ人形」と呼ぶそうです。つくっているのは知子さん。8年前、仕事をやめて家具職人の修行を始めた友裕さんについて、高山へ引っ越しました。身の回りにはたくさんの木材があるという環境。もともと手づくりが大好きだった知子さんは、端材を使って鳥などを彫り始めました。

その後、娘さんが生まれ、地元の各務原に工房を構え独立。工房で開催する木工教室の生徒さんが、「失敗作」としていた引き出しの取っ手に、知子さんがふと顔を描いてみたら……か、かわいい（目がハート）！ 自分自身がほしいと思えるほどのかわいらしさ。それから、家具製作で出る端材を使って人形を生み出すようになりました。

里山の自然に囲まれた工房。
桜の季節がおすすめ！
（同製作所提供）

端材は大きさも材質も木目も一つ一つ違います。「その表情を生かして、ほろほろ人形にしていく過程が楽しい」と知子さん。カエデ、クルミ、ナラなど、色味もさまざまな木が人形になって並んでいると、人間と一緒で、みんな違って表情豊か。同じものはできない、というかつくれないんだそうです。ほろほろ人形ができたとき、きっちりした家具をつくる職人肌の友裕さんは、「よさがわからん！」と一言。でも、一番にファンになってくれたのは小さい娘さんでした。今では老若男女に大人気！ 手づくりのため、制作が追いつかないそうですよ。価格は1800～4000円ほどです。

工房の南には、市が保存する立派な桜並木があり、春はさぞきれいだろうな～という環境。毎年、桜の咲くころ「yamanomae spring」というイベントを開催。この年は、ほろほろ人形の直売やhacuの靴下の出張販売、地元のおいしいものが並んでいました。桜のタイミングが合えば、最高ですね！（工房にはお手洗いがありませんのでご注意を）

問い合わせは同製作所（TEL 070-5440-2411、Eメールinfo@yamanomae.com）。ウェブサイトで人形の画像も見られます。

（2016年3月掲載）

山の前製作所のばあい

山道を登ると
見えてくる製作所
桜の目の前！

桜の季節に行われる「yamanomae spring」では、木製品の他に、知子さんの友人たちの作品（陶芸やくつ下、おいしいもの）が並びます。製作過程で出る木くずの山の中にはカブトムシの幼虫がごっそり〜…我が家では毎年分けてもらい楽しんでかってます。木はムダなところがないんだと、改めて知ることができる、山の前でのひとときです。

端材を使った
ブローチ

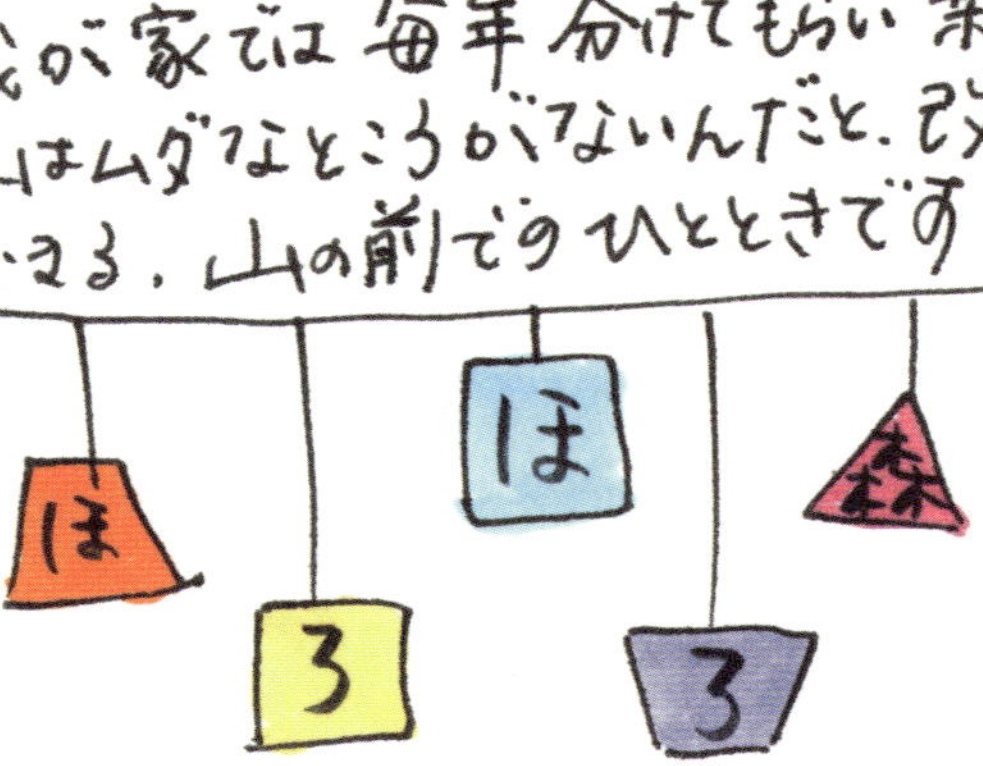

WEB shopもあります。
のぞいてみて
下さいね

取材こぼれ話

うちには4つのほろほろ人形
が玄関に並んでいます。
一応、家族全員。
夫、私、息子、猫のぽんた、
もう一匹、保護猫の
りんたがいるから、さらに
お願いしなきゃ！です。

材料の木材により白や
こげ茶、木目のシマシマなど、表情豊か。
引き出しの取手から生まれたほろほろ人形ですが、
大人気で、各務原市のふるさと納税の
記念品にも提供されています。
（ご主人のつくる家具もあり。）

木のナチュラルなやわらかさ
と、つやつやと光る塗料
のギャップもすてきで、
丸い形を思わず手に
取ってなでたくなる…
そんな魅力のつまった
人形たちです。
← こちらは
おひなさま。

エコヂカラ!

第13回

古い町をピカピカにする人たち

銘菓「関の戸」を製造販売する深川屋14代目の服部亜樹さん（右）と

古い町並みが大好きな私、今回は東海道五十三次の47番目の宿場、三重県亀山市の関宿に来ちゃいました。約1・8kmにわたる街道の真ん中あたりにあるのは、徳川家光の時代から370年続く銘菓「関の戸」の深川《ふかわ》屋。その看板、立派な屋根付きで「関の戸」の文字がピカピカの金で書かれています。庵《いおり》看板というそうですが、よく見ると西側は漢字、東側は仮名まじりの崩し字で書かれているんです。さて、どうしてでしょう？

答えは、「天皇が住む京都に敬意を表し、西側は固い漢字で書いた」から。なるほど、と納得させられますね。しかし、そこにはもう一つの意味があります。看板の東西の違いを東海道の宿すべてで統一することで、旅人が方角を迷うことなく旅を続けられたとか。すごいですね！

「庵看板が今も残るのは、東海道広しといえど、ここだけ」と教えてくれたのは、深川屋14代目の服部亜樹さん。一見、普通の商店主さんに見えますが、実はあの有名な忍者、服部半蔵の子孫なんだそうです。それもまたすごい！

関宿を思う気持ちは熱く、畳敷きの店内は江戸時代そのままの趣。伝統的な空間を生かしながら、博物館として保存するのではなく、時代に合わせて商いを続けています。売り物の「関の戸」の味も、「代々変えるべからず」と、血判を押してまで守り続けられてきた掟《おきて》を破り、新しく「伊勢茶味」をつくってしまった服部さん。そんな風雲児の挑戦はちゃんと受け入れられ、お店は新旧の「関の戸」を求めるお客さんがひっきりなしに訪れて、にぎわっていました。

あえて観光地化せず、町並みだけを見せる関宿も、観光客が来てくれないことには成り立ちません。10年ほど前、町のごみ箱が毎朝いっぱいになり、ごみの処理に困ったとき、地元の人たちが思い切ってごみ箱をすべて撤去しました。すると、住む人も訪れる人も、ポイ捨てをしなくなり、町がきれいになったそうです。そんなふうに協力し合って、古い町がピカピカに保たれているんですね。

銘菓「関の戸」。オススメです！

ちなみに、もうこれが限度という意味で使われる「関の山」という言葉は、関宿の山車が大変立派で、それ以上のぜいたくはできない、といわれたことから来ているそうです。その山車は7月16、17日の土日、祇園《ぎおん》夏祭りで見ることができますよ。もちろん、このお祭りも江戸時代から続くものです。

名阪国道関ＩＣを降りてすぐ、名古屋から1時間ちょっとの距離にある江戸の町並み。予約しておけば観光ボランティアの案内を聞きながらタイムスリップ気分を楽しめますよ～。ガイドの申し込みは、旅籠《はたご》玉屋歴史資料館（TEL 0595-96-0468）へ。旅の一服には、ぜひ銘菓「関の戸」をどうぞ！

（2016年4月掲載）

東海道53次・関宿のばあい

深川屋の向かいにある高札場。幕府や領主がきめた掟書などを木の札に書き、人目につくように高く掲げておく所です。風雨をさける為に屋根もついて立派です。

服部さんによると、江戸の平均身長は155cm。現代の私たちでも見上げる姿勢になるので、当時はそうとう上をあおぎ見るかっこうになったはず…これは「目立たせる」という意味に加え、人より高い所に札をおき、上下の差を見せつける効果もあるのではと思えます。

徳川三代将軍家光の頃からつづく深川屋。「うちが14代続いてるんじゃない、お客様が14代続けてきてくれてる」口癖のようにくりかえしていたおばあさまの言葉を胸に関の戸をつくりつづけています。

関宿の歴史・文化をよみこんだ、関宿かるたもおすすめです。

お店のどこかに手裏剣があるかも…？

取材こぼれ話

東海道53次の47番目の宿場町、三重県・関宿。
案内してくれた深川屋の14代目、服部陸右衛門亜樹さん
は、服部という名字からもわかる通り、「忍者ハットリくん」こと、
服部半蔵の親戚筋です！
江戸時代に整備された東海道は江戸と京をむすぶ
大動脈。
通る人々の中によからぬ者はいないか？井戸端会議と
見せかけて、不穏な動きをする者はないかとチェックして
お上に報告する為、各宿場には諜報員＝スパイ
＝忍者が配置されていたそうです。
関宿では和菓子屋、他では薬屋など、商売をしながら
道行く人を見ていたとのこと。宿場町で服部と
いう姓をさがして
しまいそうです！

古い町並で見かける
虫籠《むしこ》窓や格子戸は
外からは中がうかがえず
内側からは外をそっと
見る事ができる。
当時の諜報活動の
一端にふれることが
できる仕組みが町に
かくされています。

エコヂカラ！

第14回

「はかる」会社の環境意識

展示されている年代物の時計

毎日毎日お世話になっているのに、意識するのは月に一度、ポストに検針票が入っているときだけ……といえば？　水、ガス、電気！　その水道やガスの使用量をはかるメーター。

正直、引っ越しのときくらいしかふたを開けたこともありませんでした。

熱田区千年地区にある「愛知時計電機」。「時計」と名はつきますが、今は水道やガスメーターの全国トップシェアを誇る会社です。どういうことでしょう？

1898（明治31）年、名古屋城築城のための木材集積地だった堀川沿いに創業。木材が豊富で、徳川家お抱えの時計師がいたという地の利を生かして柱時計の製造を始めました。

木肌のつやが美しい柱時計。早稲田大学の大隈記念講堂の機械装置や、若宮大通の三英傑からくり時計も同社の製作です。本社の玄関ホールには大きな時計があり、取材にうかがった日もボーンボーンと時を知らせていました。

戦時中はその精密技術で通信機や軍用機を製造。木材を張り合わせ、強度を増す「大きなものを木でつくる」技術を応用して機体やプロペラもつくりました。ハワイでは当時の艦上爆撃機が「アイチボンバー」として展示してあるそうです。このころの木を接着する技術が今のアイカ工業に、エンジンは愛知機械工業、そして歯車の技術が愛知時計電機に受け継がれている、というわけ。熱田区千年は日本の技術の原点の地なんですね。

それから70年余り。「昔は時を計り、今は液体や気体を量っています。どちらも歯車で『はかる』という意味では同じです」と経営企画室の田中豊さん。時計から戦闘機、メーターと、時代に合わせて変化してきたんですね。

時代といえば今は環境の時代。家庭用水道メーターは8年、ガスメーターは10年で交換しますが、回収したメーターは分解、清掃の後、中のコンピュータを交換したり、検査を繰り返したりして、ほとんどの部品をリユースしているそうです。特にガスは主に朝晩しか使われず、傷みも少ないため、再使用可能なガスメーターは99%！　新品の部材の90%をリユースして、再び私たちの元にやってきます。そして定期点検を繰り返し、リユースされてさらに50年働き、一部は廃棄されますが、外枠は溶かしてまた新品に生まれ変わるのです。

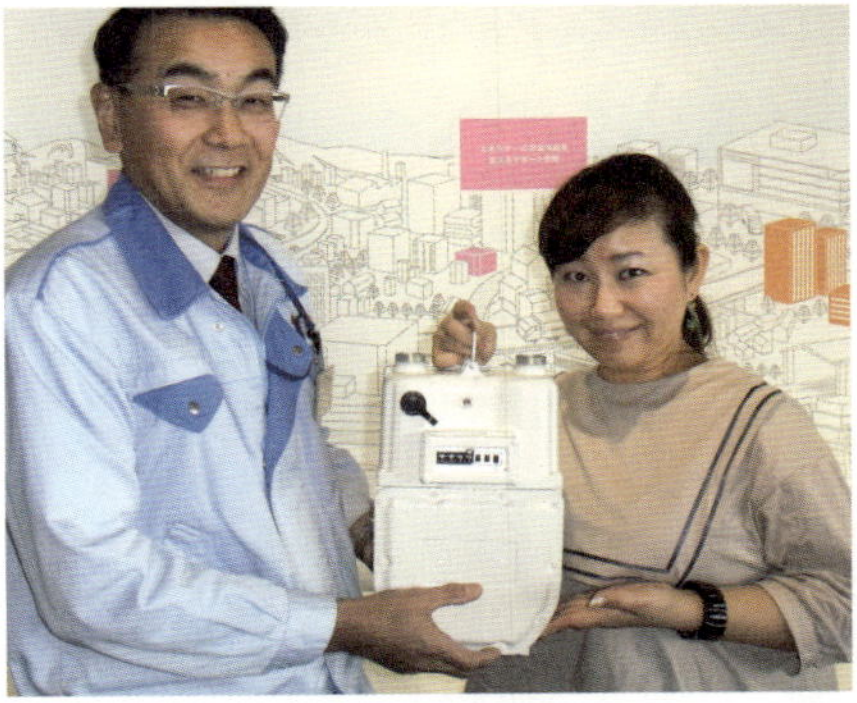

愛知時計電機はエコ意識の高いガスメーターの会社！
経営企画室の田中豊さん（左）

昨年、完成した新社屋も環境をうまく取り入れた建物で、名古屋市の「まちなみデザイン貢献賞」を受賞しています。ガラス張りで自然光を取り入れ、社屋の真ん中に自然の光と風を取り入れる吹き抜けを設置。堀川沿いの環境を生かして、周囲に溶け込んだ社屋にも「エコヂカラ」を感じました。

普段は扉の中に隠されているメーターですが、電磁式や超音波技術を取り入れ、消費電力が従来の1万分の1に抑えられたエコなものに進化していたり、スペースをとらないようコンパクトになったりしているそうです。毎日休まず働いているメーター君は100年以上の歴史に支えられ、エコな時を刻んでいるんですね。

（2016年5月掲載）

愛知時計電機の場合

尾張徳川家の名古屋で
おかかえ時計師の技術と
豊富な木材を生かして、
水運のさかんな堀川ぞいに
建てられた社屋。
出来上がった製品をすぐ
舟で運べる場所です。
平成26年に名古屋市から
優良エコ事業所に認定。

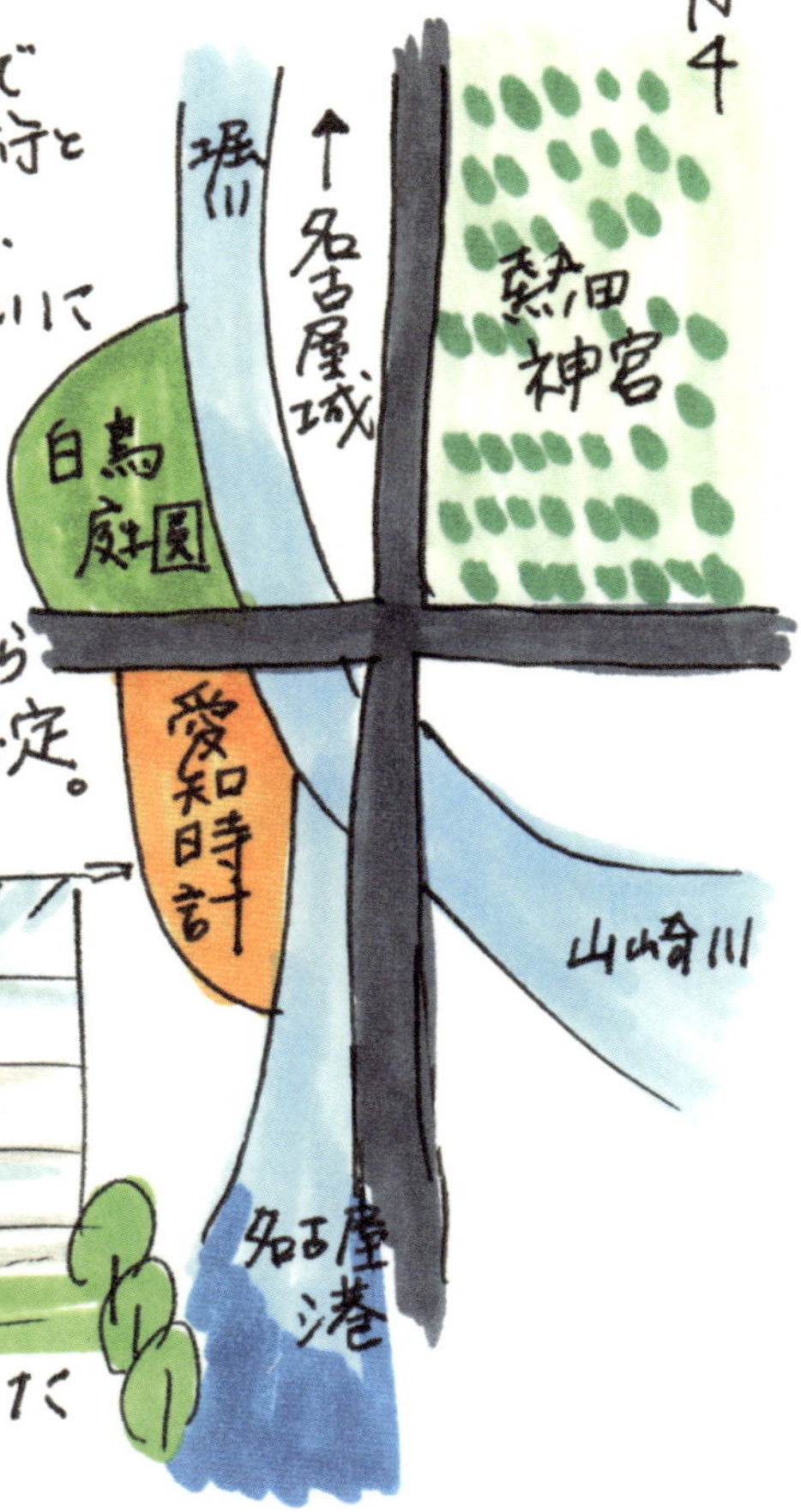

環境配慮の行き届いた
社屋となっています。
風をうけて羽ばたく複葉機（大正時代に作られた
飛行機）をイメージするデザイン。
外光をとり入れ、まん中に風が通る吹き抜けをつくり、空気
循環させています。この記事には「何十年も前に、あの時計が
動いていた」など、地元企業ならではの感想が届きました。
時代の変化に合わせて進化しているすばらしさを感じました！

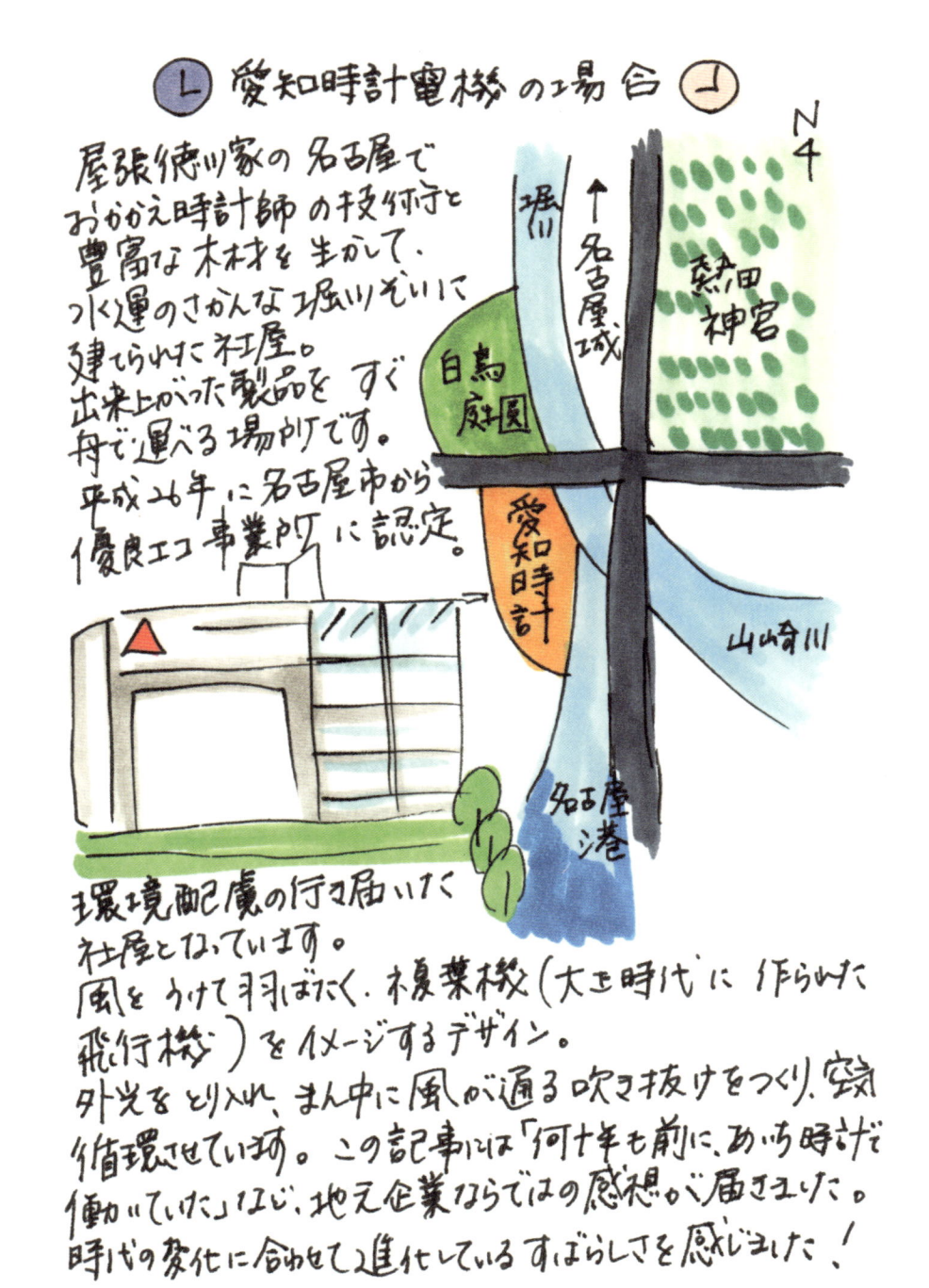

取材こぼれ話

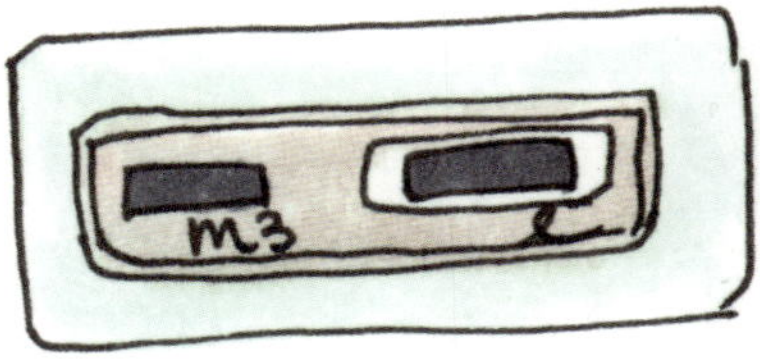

マンションの管理扉の窓から
見える小さな標示。
こんな小さな窓からしか、のぞく事
のできない世界ですが……
中には365日24時間休まず
働きつづけるモーレツ社員ならぬ
メーターがいるのです！

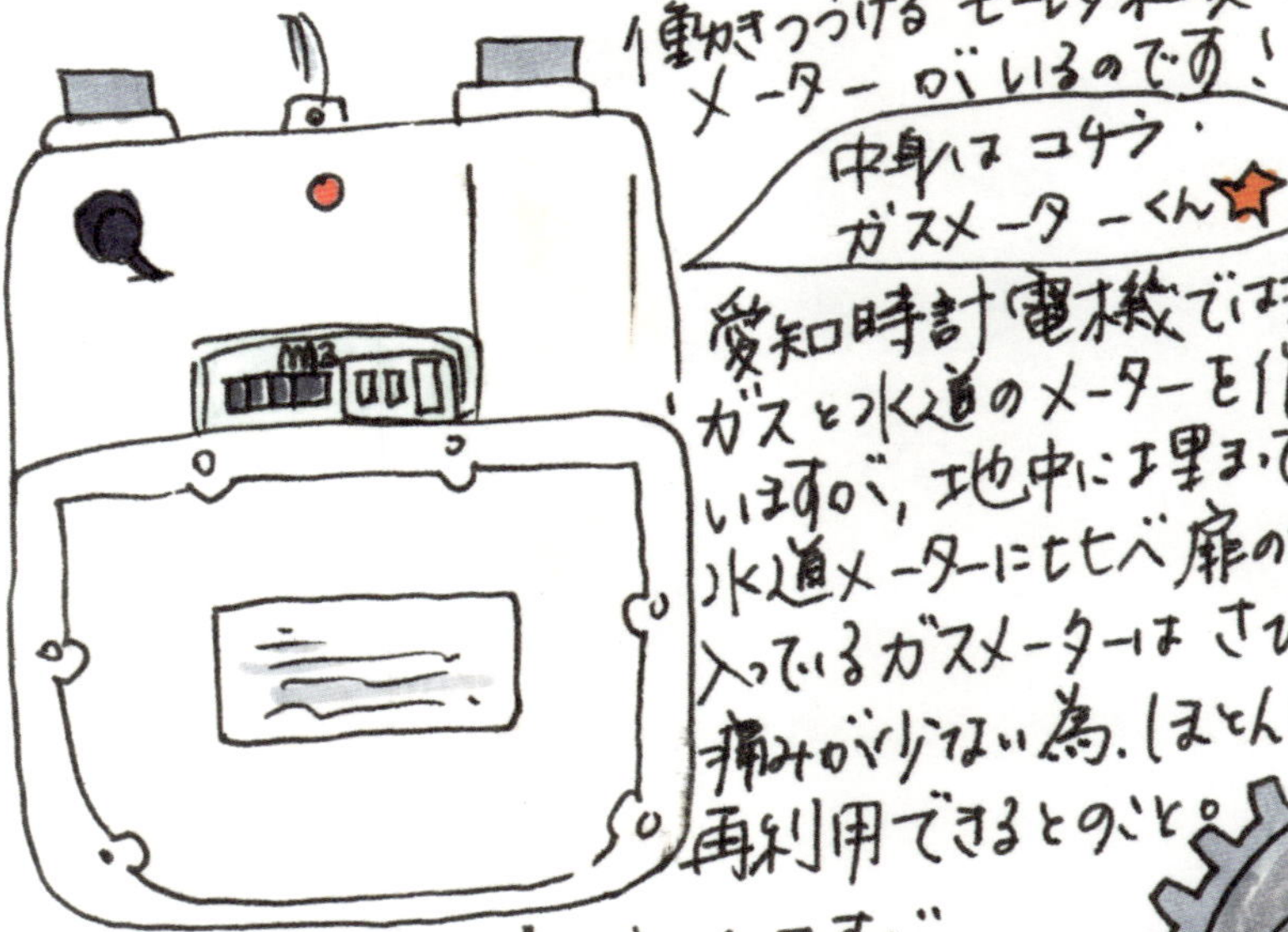

愛知時計電機では主に
ガスと水道のメーターを作って
いますが、地中に埋まっている
水道メーターに比べ扉の中に
入っているガスメーターはさびや
痛みが少ない為、ほとんどが
再利用できるとのこと。

どんな仕組みなのか分かりにくいですが、
愛知時計のロビーには外枠が透明で、
中がみえる特製メーターが飾ってあります。
中を見ると「なるほど！歯車だ」と
分かります。今は、身近なものの
中身や仕組みが分かりにくい
けれど、働きものの歯車のおかげで
便利に生活が送れているのです。

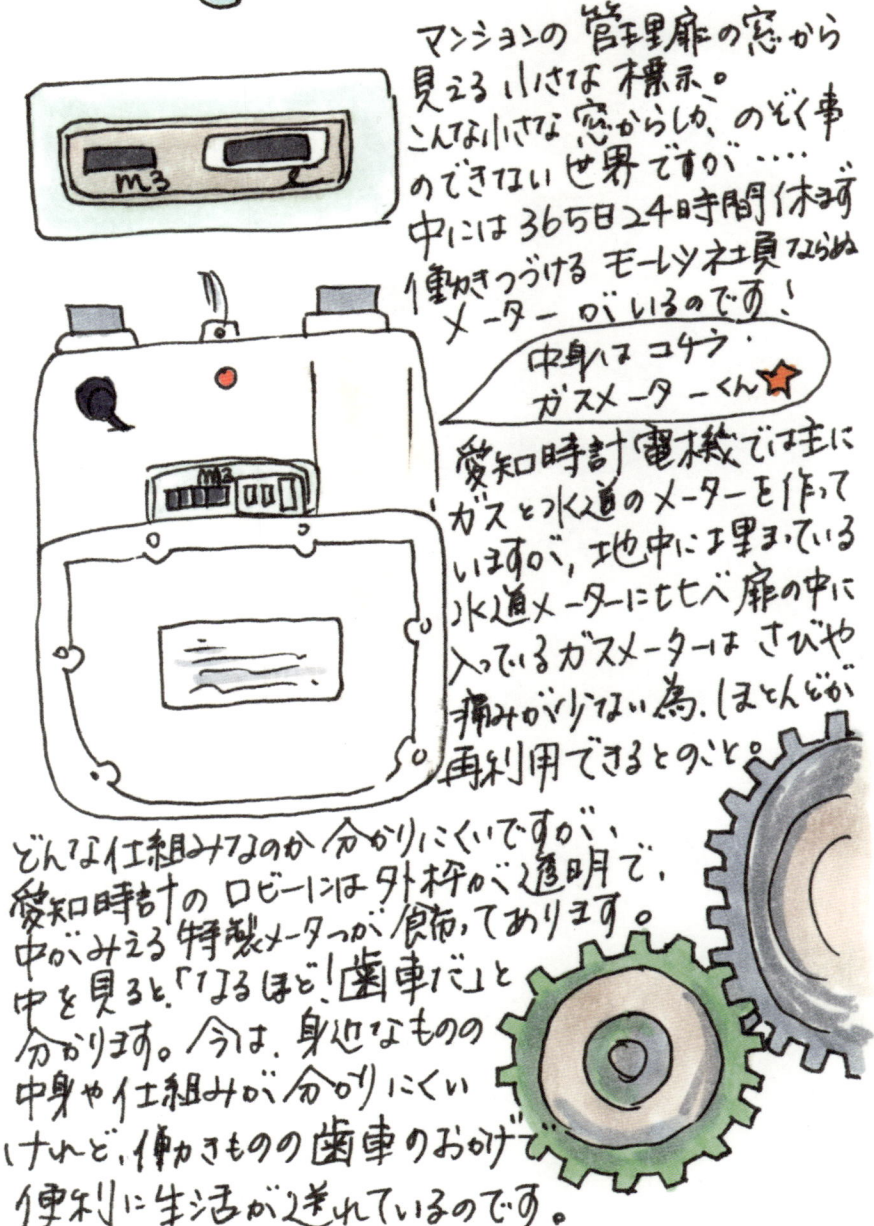

名古屋発！の風を感じて

無印でのイベントの様子

第9回でお伝えした通り、リフォームした我が家。結露対策が一番の目的でしたが、壁一面の本棚をつくることと、天井にフックをつけることも改造計画の大きなポイントでした。その理由は「本が傍らにある生活を息子にさせたい！（これについてはまたの機会に……）」と「天井からつるしたい！」モノがあったからなんです。

それが、画像のモビール。名古屋発の、紙と糸だけでつくられた「マニュモビールズ」（中川区荒江町2-17、TEL 052-740-3382）の作品です。

モビールとは北欧で古くからある装飾品。「動く彫刻」とも表現され、天井からつるしたり、やじろべえのように卓上に置いたりする、ゆらりと揺れ動くモノのことです。北欧のモビールは金属や木の棒から、糸でモチーフをつるしているのがほとんど。しかし、この棒を紙にすることで日本らしい素材の一体感を出し、全体で物語の世界をつくれないかと考えたのが今井淳二郎さん。マニュモビールズは「日本の手仕事で、空間を面白くしたい！」という思いを熱く抱く今井さんが、ほぼ一人で手掛け始めたプロジェクトなのです。

私は最初、デザインがなんともかわいらしくて思わず買ってしまいました。実際に部屋につるしてみると、風が吹けばふわふわと揺れ、モビールの登場人物たちが楽しそうに動き出すのです。これまではあまり好きじゃなかった西日も、モビールに当たってかわいらしい影をつくってくれます。「自然環境の変化を部屋にいながらにして感じられる！」と感激。そして、「昔から窓を開け、外に縁側を出して内と外を分断せずに生活してきた日本人は、気づかないうちに空間を楽しんできたのでは」「北欧の人よりむしろ日本人のほうがモビールを楽しむ才能に長けているのでは」と思うようになりました。

製作工程は、今井さんがデザインしたデータを色画用紙に落とし込んでカット。3枚の紙を寸分のずれなく、ぴったりと張り合わせて出来上がります。紙と糸というシンプルな構造だけに、少しのずれ、接着剤のはみ出しが製品のレベルを落とし、工作のようになってしまうのだそうです。

その重要な張り合わせの工程は、障害者施設に依頼しています。高度な技術と集中力が必要なため、契約している4施設でそれぞれ1人か2人しかできませんが、仕上がりはほぼ100％完ぺき！　障害のある人の才能を生かし、やりがいと相応の対価を生み出す。これはフェアトレードそのものでもあると、個人的に興奮してしまいました。

常設販売しているのは名古屋三越栄店と星ヶ丘三越の子ども服売り場など。価格は1セット2980円から3200円ほど。ウェブサイト（http://www.manumobiles.com/）でイベント情報やオンラインショップもチェックできます。ぜひ、名古屋発の「風」を感じてみてください。

（2016年6月掲載）

私のお気に入りの商品「おにごっこ」

マニュモビールズの場合

今、うちの天井には 2つのモビールが ゆれています～
1つは 左ページにも紹介した えらべるモビール。
もう1つは、大好きなマンガ家。ウイスット・ポンニミットさんのキャラクター、マムアンちゃんと猫が ゆれる「おにごっこ」
マニュモビールズは 今井さんがデザインから すべてを手がけていますが、アーティストとのコラボや、有名キャラクターのものもあり、絵本でおなじみの高畠純さんや、tupera tuperaさんのモビールもあります。

最近は 要望の多い名入れにも対応しているとのことで、生まれたお子さんの名や、プレゼントのお相手の名前を入れるのも素敵ですね！

うちのモビールは 天井につけたフックが見えないよう、レースのリボンを結わえて、実家の庭でドライになるまで木に残しておいたアジサイを合わせています。

イメージはメリーゴーランドの屋根？

おへやの雰囲気に合わせてアレンジするのも楽しいですョ。

取材こぼれ話

えほんの店メルヘンハウス(残念ながら閉店)の2階で
展示されていた、紙のモビールに出会ったのが最初。
マニュモビールズさんが展示会の際、同時開催している
「えらべるモビールキット」に親子で参加したのです。
糸のついた動物モビールを4つ選びます。
さらに糸をとめる丸い紙の色をえらびます
小さな丸ですが、表と裏で、
色を変えたり、鮮やかな色を選ぶ事で
モビール全体の印象が大きくかわる
存在感のある、小さな丸なのです。
色選びとモビールえらび。
私はカラフルで可愛いものを選び、
だい。しかし息子は色のシックな
男の子っぽいものをえらぶ…
親子でも、センスのちがいが出て、
とても興味深い体験でした。

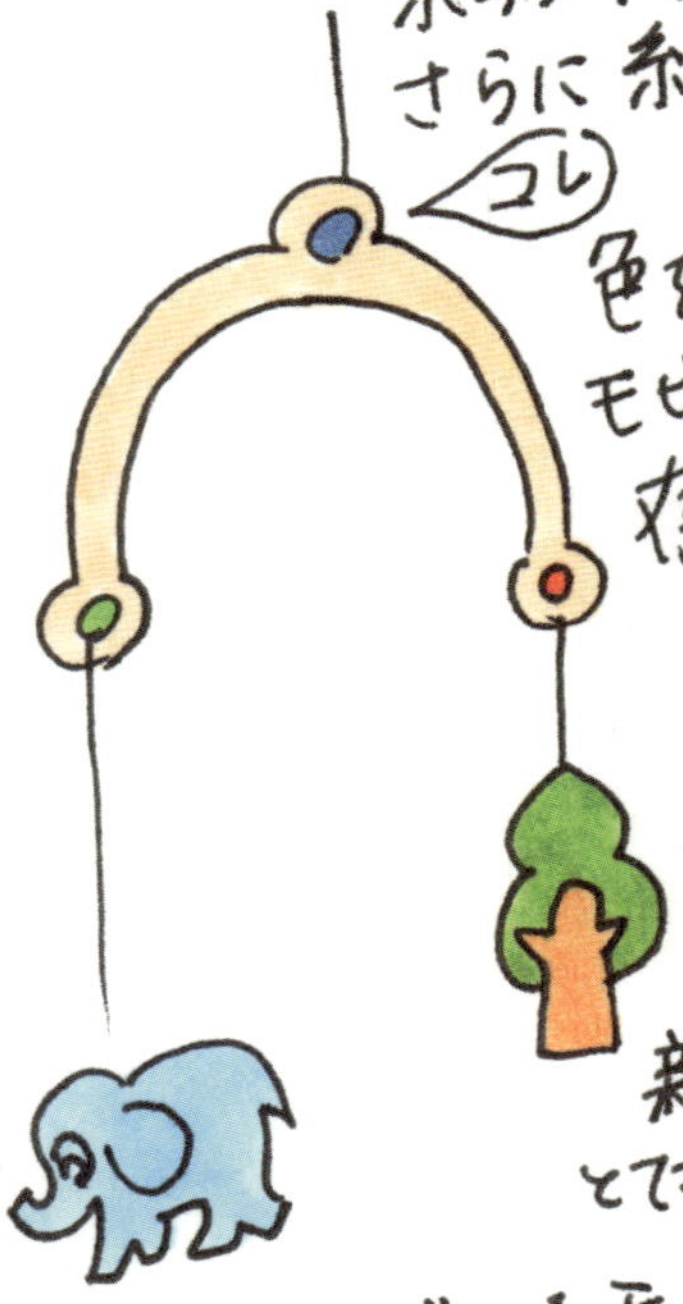

完成したモビールを天井にひっかけるのが
この、ハンドくん。
糸を巻きとると、糸の分量に
よって、タオルを巻いてる
みたいに見えるところも
かわいいです♡

ハンドくん

エコヂカラ!

第16回

「緑の本屋」は発見がいっぱい!

緑あふれる店内で、オーナーの髙須さん（右）とスタッフの都筑さん（左）

「最近本屋さんが減って悲しい」。こんなメールをいただくことが増えた昨今、豊川市に新しいスタイルの書店ができたと知り、さっそく行ってみました。

1874（明治7）年創業の老舗書店「豊川堂《ほうせんどう》」が昨年6月に立ち上げた「nido（ニド）by Honey Bee Project」。ミツバチが巣を出たり入ったりするようにたくさんの人が集い、交流してほしいとの思いから、豊川堂6代目のオーナー髙須大輔さんが名付けた店名です。

店内は雑貨とカフェ、本のコーナーがあり、丁寧な暮らしの提案というコンセプトで選ばれた商品が並んでいます。通常の雑誌も置いてありますが、メインはライフスタイルと児童書に特化してセレクト。本棚の背板がないので、光が店内の隅々にまで届いて、明るくすてきな空間です。

雑貨と本、それぞれゾーンは分かれていますが、雑貨コーナーにも本がさりげなく置かれています。風呂敷など布のコーナーには風呂敷の使い方の本、コーヒーの棚にはコーヒーの歴史の本というように、雑貨目当ての人も自然と本が目に入るよう配置してあるのです。

カフェには地元の有機野菜や果物を中心にしたメニューが並び、カウンター棚にミントなどのハーブが並んでいます。このハーブ、その場でつんでカフェメニューに使うのですが、無農薬で、しかも植物用LEDで育っています。ふと見上げると、天井パイプからも観葉植物が。これらは観葉植物を日本に広めた豊橋市の草分け的な会社が手掛けています。

スタッフの都筑加依子さんは「農産物が豊富で、自然豊かな東三河の魅力を生かしたnidoで仕事するようになり、あらためて地元の良さを再確認しています」と話してくれました。地元は不便で面白いものがないと感じ、25年間名古屋で働いていましたが、nidoのオープンに合わせて帰ってきたら、こんなに魅力的だったなんて！　と、地元にほれ直している様子でした。

豊川堂のカフェの植物工場。
このハーブをカフェメニューに使うこともあるそうです

私もカフェでお茶をして、地元の果物でつくられたジャムや、昔懐かしい亀の子たわしを買った後、海に寄って帰りました。nidoで出会った写真集の海の写真に影響されたのかな？　山も海も近く、なんとなく人々もゆったりしているような……。そんなすてきな場所がこんな近くにあるなんて、と私自身も発見でした。今度行くときには、地元野菜をグラスにたっぷり詰め込んだ「ベジタブルパフェ」をいただきたいと思います。

JR飯田線「牛久保」駅から徒歩約20分、豊川市千歳通4－18「アイレクステラス」内。年中無休で営業時間は9:00から20:00まで。TEL 0533-56-7727

本とともにすごすゆったりとした時間。心の栄養になりました！

（2016年7月掲載）

nido by Honey Bee Projectの場合

nidoでは、カフェでゆっくりと本を楽しむこともできます。
でも、お店に並んでいる本が汚れたら…困ります。
だから、本を購入してカフェでよむ!その場合は
10%offのサービスを受けられるBook Cafesetがあります。
本を買う人、カフェで楽しむ人の双方にとって心地良い
空間であることを目指したシステム。
明るい光に照らされて、天井からはグリーンがたっぷりと
育っていて…そんな空間でくつろげます。
そして雑貨コーナーにならぶ昔なつかしいタワシや作家もの
の器たち…。ここで私が出会った
のが、豊橋のジャム、Nui。
イギリスのママレードの大会で何度も
賞を受賞している元フレンチシェフの
小澤さんが作るジャム。
家業であるあんこ作りと両立して
オリジナリティあふれるジャムをつくってます。
いちごとチョコを合わせたり、深みを
出すために柚子に日本酒や昆布だし
を合わせてみたり。地元でつくられる「良いもの」に出会
えるのもnidoの良いところ。
名古屋駅笹島のグローバルゲートの中には豊川堂が
手がける本、雑貨、カフェの店ができましたので ぜひ♡

取材こぼれ話

季節の温野菜
ダイス野菜のマリネ&コンソメジュレ
季節野菜のムース
季節の温野菜パフェ

歴史ある本屋さんが手がける
新しいカタチ。ここで働く都築さんが
話してくれたように地元のステキに
気付いた1日でした。

海も山も近くて「無いものはない!!」というくらい、
野菜も果物も豊富にとれる三河地方。

野菜のパフェもあって、
おなじみの食材も目新しく
おしゃれに提供されます。
カウンター下にはLEDで育つハーブたち。

このハーブはカフェメニューに
使うこともあり、地産地消の
極みです。
店内の空中緑化や植物
工場を提供しているのは、
豊橋の会社、プラネット。
観葉植物のパイオニアで
屋上緑化も手がけている
会社です。

エコヂカラ！
第17回

涼しい岐阜の「宝物」満喫

豪快に流れ落ちる滝を見ながら溶岩台地へ

下呂温泉から車で30分ほどの岐阜県下呂市小坂町。落差5m以上の滝が216カ所あり、「日本一滝の多い町」として「岐阜の宝もの第1号」に選ばれています。その地元の宝を生かそうと、NPO法人「飛騨小坂200滝」のメンバーが滝めぐりガイドとして初心者からベテランまで楽しめるさまざまな滝めぐりコースを案内しています。私たちは友人家族と一緒に初歩的な2時間の「のんびりハイキング・ショートコース」に参加してきました。6歳の息子でも楽々のコースで、マイナスイオンをたっぷり浴びてリフレッシュできましたよ！

スタートは厳立《がんだて》公園。柱状の岩が連なる大きな岸壁は、5万4000年前に御嶽山の噴火で流れてきた溶岩流の断面です。高さ72ｍ、幅１２０ｍの大きな崖は、ナゴヤドームを輪切りにした断面と同じくらいの大きさ。御嶽山頂からは13㎞以上も離れているのですが……。自然はすごいです。

この巌立から、滝を見ながら軽く山を登り、巌立の上に広がる溶岩台地へと案内してくれたのは、小坂で生まれ育った熊崎潤さん。幼いころから山歩きや崖のぼり、沢遊びを楽しんだ経験を生かしてガイドをしています。「何度行っても表情が変わって、水量、光や天気によって同じ滝は二度と見られないところが魅力です」と熊崎さんが話す通り、差し込む光の角度によって虹が出たり、滝のしぶきがカーテンのようにふわりと動いたりと、自然を目にできる瞬間がたくさんありました。

そして、溶岩台地に広がる林の中で抹茶を立てる野点《のだて》。これが素晴らしかったです！　熊崎さんがリュックで運んできた赤い敷物と野点道具を出して、その上で本格的にお茶を立ててくれました。「水と空気がうまい滝の町」だから、お茶がおいしい。地元の米や川魚を使ったお弁当（オプションで１０００円、要予約）も頼めて、美しい滝を見るだけでなく、水の恵みもいただけるんです。熊崎さんのリュックからは、他に頑丈なひもと布が登場。あっという間にハンモックを設置して、子どもたちを喜ばせてくれました。私も仰向けに寝転がって、キラッキラの木漏れ日を楽しめましたよ。

「宝物」の自然とたわむれる息子たち！

私たちが訪れたのは新緑のころでしたが、8月はさらに葉が生い茂り、「深緑」が楽しめます。蒸し暑い下界と違い、滝の近くは涼しく、谷風がここちいい～。滝に足をつけたり、涼を取りながら歩くひとときは、格別ですよ。

問い合わせはＮＰＯ法人飛騨小坂２００滝（TEL 0576-62-2215、ウェブサイト https://www.osaka-taki.com/）。私たちが参加したコースは大人２０００円、子ども（小学生以下）１０００円でした。

（２０１６年８月掲載）

小坂滝めぐりの場合

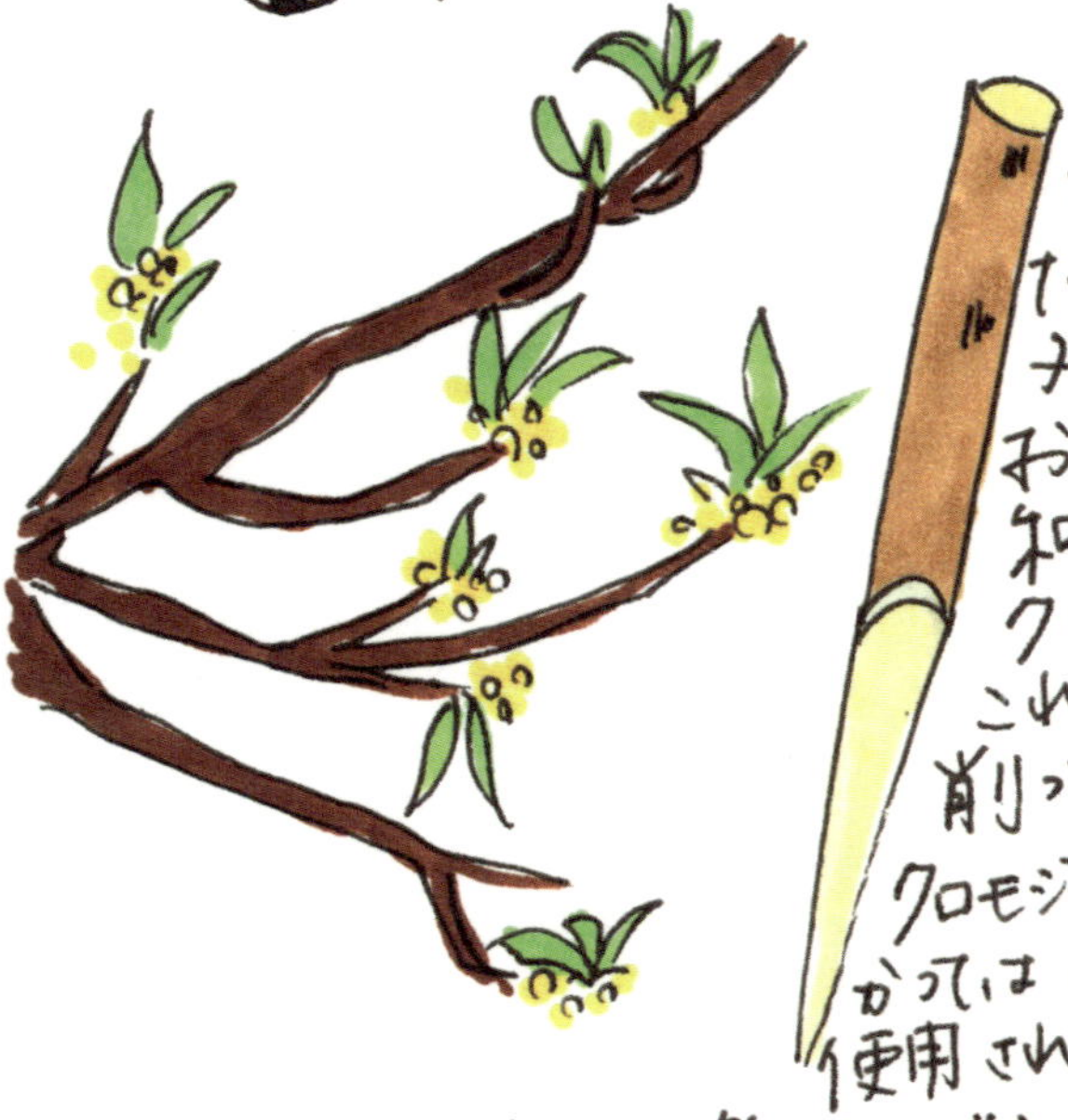

ガイドの熊崎さんが
森の木漏れ日の中で
たててくれたお抹茶。
外で頂くお茶の
おいしいこと!! そして
和菓子にそえられる楊枝
クロモジ。
これを目の前でナイフで
削って手作りしてくれたんです。
クロモジは良い香りがあり
かつては香料として化粧品に
使用されていたそうです。
そんなクロモジの香りを楽しみながらすごすひととき。
清々しい気分になれました。
滝のマイナスイオンはもちろん、たくさんの自然の恵みを五感で
味わうことのできるツアーです。滝めぐりやカフェトレッキング、
夏はシャワークライミングという
滝のぼりをするアドベンチャー。
冬は凍った滝をめぐる
ツアーもあります。
まだまだ知らないことも多い
岐阜の宝もの。
次はどんなツアーに参加
しようか、楽しみです。

円空の修行弁当

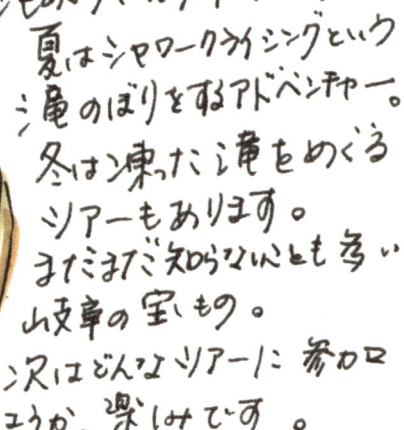

取材こぼれ話

家族旅行でよく出かける下呂。
下呂へいく時は、高山経由か、
恵那岩村に寄ってからいくかの
2つのコースどちらかなんですが、
「下呂の近くで、どこか遊べる所は
ないかな」と、検索していて見つけた
のが、この「岐阜の宝物」
岐阜県出身として、これは体験
しておいた方が良いよね！と、
でかけてみて…ハマりました〜！
地図を見ながら自由に巡っても
楽しいのですが、やはり地元の専門家、滝めぐりガイドさん
の話をききながら進むのでは、楽しさのレベルがちがいます！
まさか、遠くに見える、あの御嶽山から流れてきた
溶岩がこの下呂の地まで到達していたなんて…
図鑑でしか見たことのないスケールの大きさを自分の
目で感じることができます！

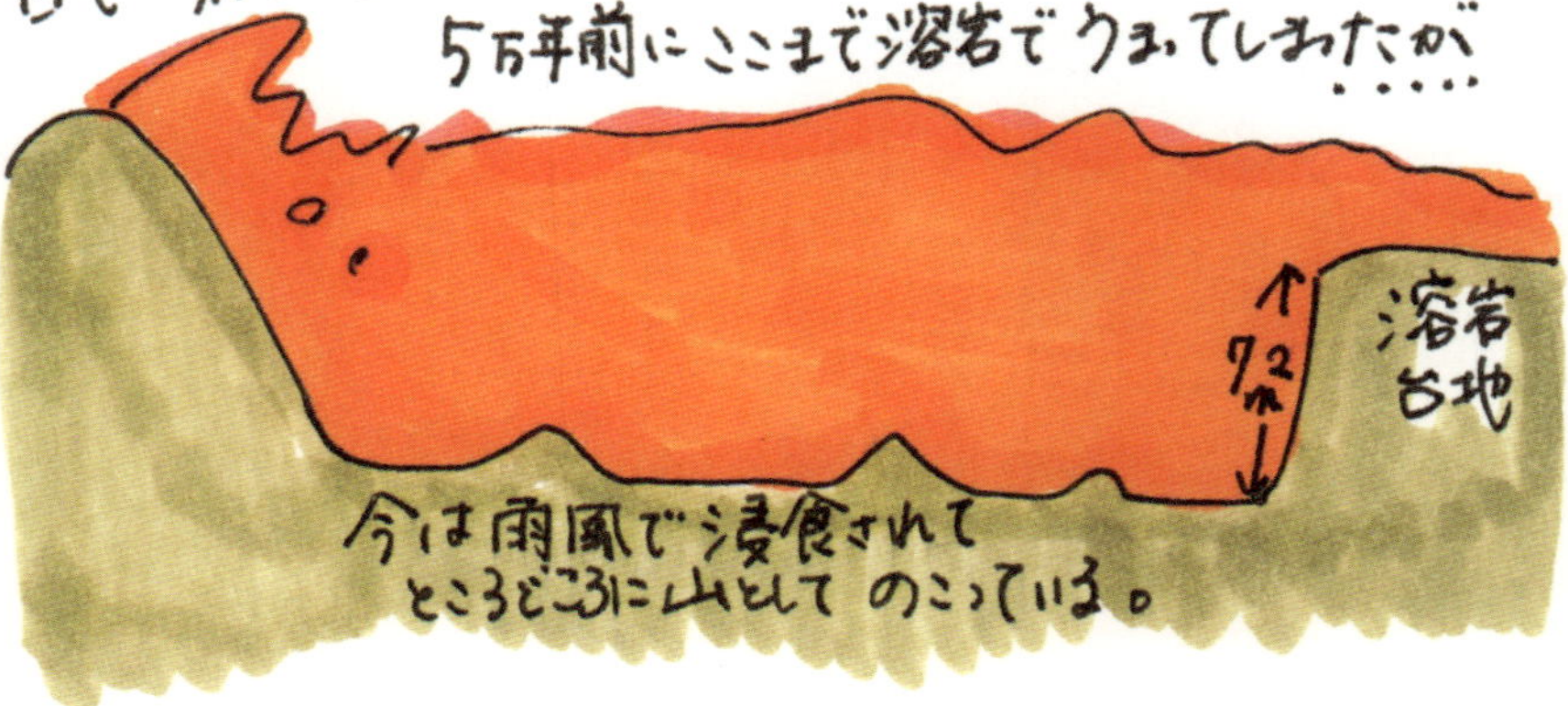
5万年前にここまで溶岩でうまってしまったが……
72m
溶岩台地
今は雨風で浸食されて
ところどころに山としてのこっている。

エコヂカラ！

第18回

しっとり肌の意外な味方

こだわりのせっけんづくりに取り組む上田英津子さん（右）。
左は薬剤師として工房をサポートする中島しのぶさん

夏の疲れを感じるのは……お肌！女性は特にそうですよね。そんなときに欠かせないのは、いいせっけんと化粧水。長良川最上流の山里、緑いっぱいの岐阜県郡上市高鷲町で「いいもの」に出合いました。

東海北陸自動車道、高鷲インターからすぐの山あいに、小さな工房があります。東京でデザインの仕事をしていた上田英津子さんが、２０１１年11月に地元へ戻って開いた「アトリエキク（TEL 0575-72-6632）」です。

上田さんは当時、東日本大震災もあって「自分という体をつくっている、この地元の素材を生かした丁寧なものづくりをしたい」と、「コールドプロセス」のせっけんづくりを始めました。

非加熱製法ともいわれ、せっけんの素材をぐらぐらと鍋で煮立てるのではなく、低温で混ぜあわせ、40日間という長い時間をかけて熟成させる製法。すべて手作業のため、大量生産はできません。手間はかかりますが、素材の成分が生かせるとして最近、見直されています。私も自家製のコールドプロセスせっけんを愛用していました。

アトリエキクでは超軟水である郡上の天然水を使い、地元のはちみつや牛乳に天然のオイルを合わせて、さまざまなせっけんをつくっています。「都会で暮らしているとき、実家から送られてくる野菜は新鮮さの保ち具合がスーパーで買う野菜とはぜんぜん違うと感じていました。実際に地元の素材を使ってみて、生きる力の強さを目の当たりにしました」。そんな上田さんは、さらに地元のすごいものに出合います。

「花酵母日本酒のせっけん」

元文5（1740）年創業の布屋《ぬのや》原《はら》酒造場がつくる「花酵母日本酒」。その名の通り、花から採取された酵母で仕込む日本酒です。通常のお酒よりコハク酸、乳酸、リンゴ酸を多く含み、香り高さとともに、お肌の透明感をつくる味方でもあるというのです。これをぜひせっけんに使いたい……でも「江戸時代から続く酒蔵なんて、敷居が高いかな」と、断られる覚悟で訪れた上田さん。ところが酒造場側からは「使って使って」と快く受け入れてもらえました。顔が見える地元ならではの安心感と信頼感。この関係性から生まれる製品が、おのずと誠実なものになるのは想像に難くないですよね。

「花酵母日本酒のせっけん」は日本酒と酒蔵の井戸水、美容オイルでつくられ、「さくら」「菊」「こぶし」の3種類（各700円～）。花酵母日本酒を30％配合した保湿液もあり、こちらも香り高く、しっとりとして大満足の使い心地です。「これからも地元のよい素材を探してすてきなものをつくりたい」と意気込むアトリエキクの皆さん。販売はインターネット（http://www.atelierkiku.com/）が中心。

（2016年9月掲載）

アトリエキクの場合

地元郡上のおいしい水を使用して化粧品をつくっています。
その上田さんの地元愛がスゴイ!!
アトリエキクには布製品(化粧ポーチなど)もあるんです
その中に…… 「郡上マニア」という手拭いが!
郡上八幡で夏の32夜、開催される郡上おどりの
おどり曲 全10曲を1枚ずつ手拭いにしているんです。
年に1枚ずつデザインして、2009年から10年かけてコンプリート。
おなじみの"かわさき"、"春駒"などを、歌詞と共におどりの
イラストで1枚におさめています。

GOJO ODORI — HARUKOMA 郡上踊り 春駒
1
2
3
4
5
6
7
8
9
10
11
12

これで今年の徹夜おどりはバッチリ!!
また、母の日などのギフトセットの展開も
あり、こちらもかわいい〜
母へのプレゼントに、と思ってオーダー
してたのに 結局、自分用にしてしまって
います…
来年は2つ買います。

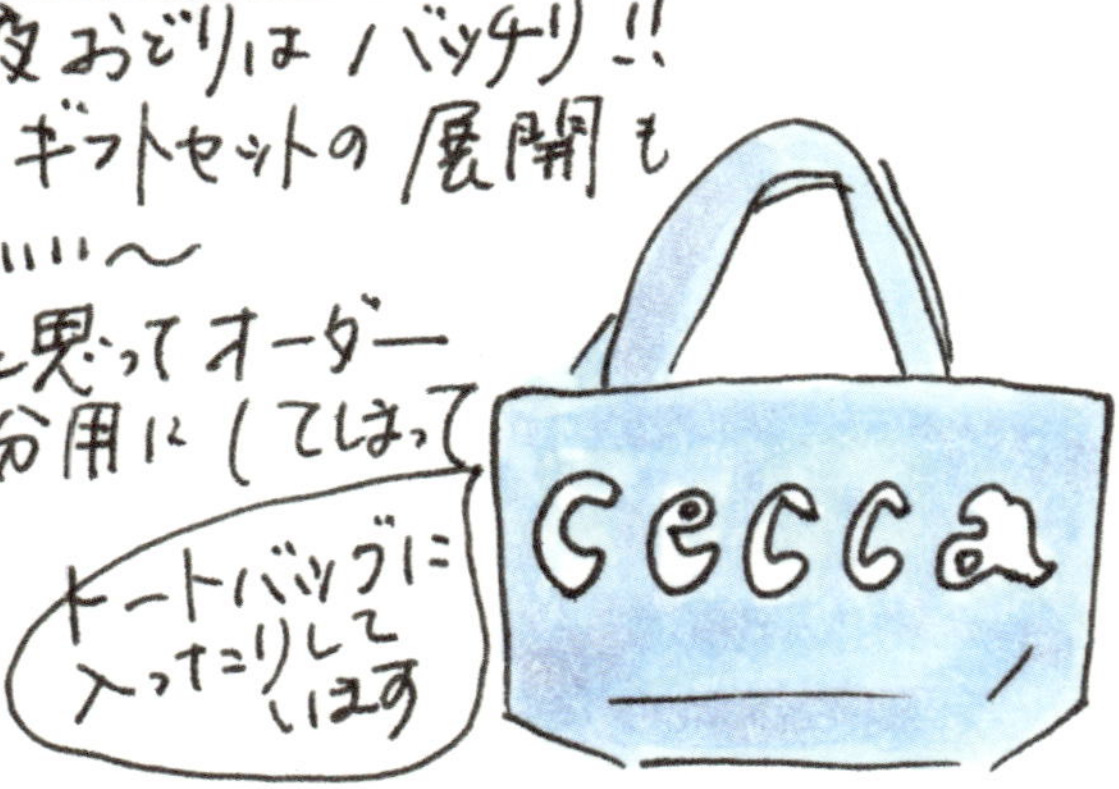
トートバッグに
入ったりしています
cecca

取材こぼれ話

SOAP

アトリエキクで作るコールドプロセスの石けんは、泡立ちがなめらか。手のひらから、つるん！としっとりしてくる気配を感じます。私も自分でコールドプロセスの石けんを手づくりしていたんですが、うまく乳化しなかったり、固まりが悪かったり… 牛乳パックを型にしてつくりましたが、美しさに欠けていました。
上田さんの作る石けんは、キリリ！と、カットされ、まるでデザートのような美しさ。元々デザインの仕事をされていたのでパッケージもすてきです。

初めての方のため、送料¥200のみで試供品も送ってもらえます！
〈アトリエから見える風景〉

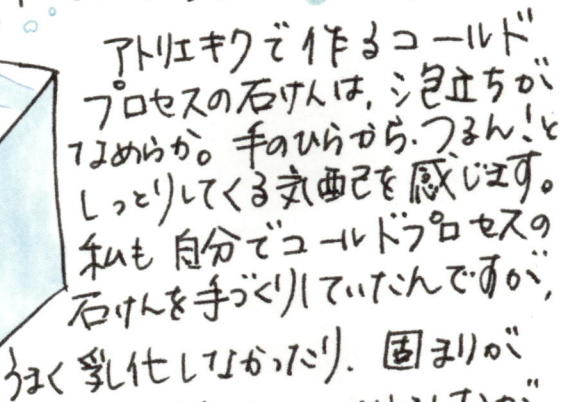

エコヂカラ!

第19回

岡崎の古屋敷は愛がいっぱい！

アーチのあるレンガ壁が映える岡崎市の旧本多忠次郎邸と学芸員の中野敬子さん（左）

古いお屋敷好きの私。またまたすてきな建物に出合ってしまいました！

モザイクタイルの美しい玄関を通り、案内されたのは「使者の間」と呼ばれる和室。外観はレンガを使った洋風建築なのに、中に和室がある和洋折衷のつくりは、私たちが住んでいる現代の住宅にも似ているような……。

ここは岡崎市の東公園の一角にある「旧本多忠次邸」。1932（昭和7）年、36歳だった忠次が東京・世田谷に自ら設計して建てた邸宅です。フランス瓦の屋根にモルタル壁の洋風建築で、国の登録有形文化財にも指定されています。銀行やホテルで保存されている近代建築は数多くありますが、個人の住宅でこれほど大切に残されているものは珍しいそうです。

忠次は徳川四天王として名高い本多忠勝の子孫で、岡崎藩最後の藩主、忠直の孫にあたります。1999（平成11）年に103歳で亡くなるまで暮らしたこの邸宅は、途中GHQに接収されるなど歴史に翻弄《ほんろう》されますが、改築をしてくれるなと直訴の手紙を忠次自らが書いて（この手紙も展示してあります）守ったほど、愛情のこめられた建物です。

館内を学芸員の中野敬子さんに案内してもらいました。ステンドグラスの美しい食堂やモザイクタイルをふんだんに使った浴室、庭仕事が好きだった忠次が庭から直接入れるようにとつくった浴室の扉。奥様の部屋には、アーチ状に庭に張り出した日光室もあります。建築当時はまだ独身だったと聞くと……忠次の家庭に期待する甘い夢が見えてくるようです。

世田谷にあったこの家の寄贈申し出が本多家からあり、忠勝のふるさとである岡崎市が手を上げました。2001年に受託し、市民ワークショップなどを重ねて保存地を選定、2009年から復元工事に着手して12年に開館しました。
復元に際しては元の部材を最大限生かしましたが、足りないところは新しくつくらないといけませんでした。意匠のポイントとなるモザイクタイルは常滑で、瓦は高浜でと、幸い地元に産地がありました。しかし漆喰《しっくい》職人がいなくて、天井の漆喰細工などは特に苦労したそうです。「ここは元の邸宅の部材、ここは新しくつくりました」と中野さんの説明を聞きながらめぐっていくと、職人さんの苦労が感じられました。この家が復元されたとき、中野さんは「お殿様が岡崎に帰ってきた！」と感じたそうです。忠次が愛したこの邸宅が、岡崎の皆さんに長く愛されたらいいなと思いました。

ステンドグラスが美しい食堂

入館無料。取材時は10月30日までガラス器と花をかざった「アール・デコの煌《きらめ》きルネ・ラリック展」が開催されていました。月曜休館、開館時間は9:00～17:00 入館の際に声をかければ案内してもらえます。
（2016年10月掲載）

本多忠次邸の場合

こういったお屋敷に共通する歴史として、戦後、GHQに接収、という時代があります。前述の揚輝荘も、GHQにより、パン工房が増築され、変えられてしまいました。

↑接収時のハウスナンバー

昭和21～27年までの6年間接収された本多邸も、"洋風に改造"される可能性がありましたが、「この家は手を加えず、このままの姿で使用してほしい」と直筆の手紙をかいて、熱意を伝えたおかげで、当時のままの姿が残りました！この手紙も残っていて、展示されています。

左のイラストは「壁泉」というめずらしい噴水。大きなステンドグラスも見所の1つです。お風呂にはモザイクタイルがふんだんに使用してあり、浴槽が2つあったり…とても面白いつくりです。色合は ロマンチックで、男性のオーダーとは思えない可愛いお風呂。

太陽の光がふりそそぐ、まぶしいサンルームではお茶もできます。

主人になった気分でゆっくりと時をすごす事ができますヨ。

取材こぼれ話

緑がみずみずしい芝の上に建つ洋館。

吹きぬける風が心地良いロケーション。

古い建物には一朝一夕ではあせない風合いがあります。

木のきしみに、階段の手すりのなめらかさ、木の色など…

古い屋敷好きが高じて、覚王山揚輝荘のNPO法人会員になって、建物ガイドやイベント司会をしていた私なのです。さらに縁側のある日本家屋に10年住みました。

（耐震が心配でひっこしました…）

この本多邸は、岡崎に移築されるまでずっと、本多家の方が住んでいたので、生活の名残りが感じられます。
現代の家にはない天井装飾やステンドグラス。
生活に必要のない部分だからこそ、職人技が光るポイント。
ぜひ、見て下さいね！

世代を超える〝メルヘン〟の世界

世代を超えて愛される本でぎっしりのメルヘンハウス。右は2代目店主（予定）の三輪丈太郎さん

クリスマスが待ち遠しい12月。深谷家のサンタさんの国には本しかなかったみたいで、私のクリスマスプレゼントはいつも本でした。おもちゃが欲しかったな……。休みの日は両親が図書館で借りた本をソファで読む。そんな風景がうちの日常。

しかし、三つ子の魂百まで。自分に子どもが生まれて最初に思ったことが「本好きな子になってほしい」。リビングも一面、本棚にリフォームしました。当時は本ばかりの家が嫌だったのに、自分の譲れない一部になっていたんですね。

私たち親子がお世話になっているのは、千種区の「メルヘンハウス」。私と同い年、1973年に日本で初めて開店した子どもの本専門店です。絵本や童話を約3万冊そろえる店内は木がふんだんに使われ明るく、丸太のいすもあり、ゆっくりと本を選べます。また、遠方に住んでいる人のために、子どもの年齢にあわせた本をセレクトして毎月郵送してくれる「ブッククラブ」は82年にスタート。これで届く本を私の息子も0歳のとき、まだぼんや

りとしか見えない目でページを追っていました。６歳になった今は自分の名前で届くのがうれしいようで、宅配便が来るたびに「僕の？」と聞くくらい楽しみにしています。

　赤ちゃんのころの本はもう読まないかな、としまっておくと、引っ張り出して読んだり、私が幼いころに買ってもらった本を選んでいたり。私が落書きしたページを見つけては「ママ、悪い子だねえ～」とニヤリ。お母さんが買ってくれた本を孫が読んでるよ！と天国の母に報告したいくらいです。

親の本を子どもが受け継ぎ、長く楽しめる絵本。44年目のメルヘンハウスにも、かつて通った子どもたちが親になって来店します。普遍的な絵本は何十年たっても愛されるので、スタッフが薦めると「それ持ってます！」と言われることもあるそうです。

女の子だと必ずと言っていいほど持っているのが『わたしのワンピース』（こぐま社）。ウサギのつくった白いワンピースが自然の風景の柄にどんどん染まっていって、お花畑に行くと花柄の素敵なワンピースになるお話。「これは女の子の最初のオシャレ本。大人になっても大切に手元に置いてる人が多いんです」と三輪丈太郎さんがニコニコと話してくれました。

　今はネットで手軽に本を買えますが、たくさんある中で何を選んだらいいか分からない情報過多の時代。メルヘンハウスではお客さんに似合う洋服を選ぶように、本を手にした人の様子を想像してコーディネートしているそうです。お客さん同士が「うちの子、これ好きですよ」と、生の情報交換をしている光景も。本に、人に、出あえるメルヘンハウスですが、２０１８年の３月に営業を終えています。

（２０１６年12月掲載）

店内は大人も子どももみんなが夢中になりました

子どもの本専門店 メルヘンハウスの場合

夜、ねるまえに1〜3冊
読みきかせをしていた
息子も、今はもう
自分で読めるようになりました。
静かに集中して読書
している姿に成長を感じます。

年令ごとに
お気に入りの本が
変化します。

0才
くっついた
三浦太郎
1〜2才
だるまさんが
かがくいひろし
3才
いいから いいから
長谷川義史
4才
ちか100かいだてのいえ
いわいとしお
5才
昆虫の迷路
香川元太郎
6才
ほねほねザウルス
ぐるーぷ・アンモナイツ

取材こぼれ話

息子が0才からお世話になった、メルヘンハウス。
残念ながら2018年3月末をもって閉店されてしまいました。
こどもの本がたくさん並ぶ明るい店内、
お店で選ぶ楽しみはもちろん、丸太のイスに腰かけて
きく、読みきかせも楽しみでした。
そして、年令に合わせた本が届く、ブッククラブ。
毎月とても楽しみにしていました♪

お店の中にある自由に絵本を読むことのできる
丸太のイス。
子どもの高さで、大人も一緒に座って、じっくりと
本をえらんだり、見てお話したり。
よみきかせの時も、この木のテーブルを囲んで楽しみました。
大人になるまでずっと、本が良い友人でありますように……
メルヘンハウスは、私の心の中にありつづけます。

エコヂカラ!
第21回

湯たんぽは今も昔もエコ商品

今も手づくりの湯たんぽを生産する岐阜県多治見市の高田焼の窯元

私の地元、岐阜県多治見市は市内各地に窯元があります。笠原ならタイル、市之倉は盃と、それぞれ特色がありますが、中でも高田町では昔から徳利がつくられていました。タヌキが持ってるあの徳利です。1616年に開かれ、昨年400年祭で盛り上がった高田焼きの窯元、「弥《や》満丈《まじょう》 欅窯《けやきがま》」に伺いました。

現当主は13代目の加藤徹さん。学生時代は現代アートを手がけ、今も工房に作品が飾ってあります。もともと窯焼きの家に生まれ、奥様の生家であるこの弥満丈を引き継ぎました。

江戸時代、酒屋に持ち寄る「通い徳利」で名をはせた高田焼き。時代とともに需要が変化し、昭和には漁業で使う網アシ（魚網につける重り）を生産していました。網アシは漁が終わるとそのまま海に捨てられましたが、それが海の底にかさなって魚のすみかになり、また漁ができました。高田の土は、古代の海藻が土となった珪藻《けいそう》土なので、原料も含めたリサイクルの仕組みだったんです。

そんな高田焼きの通い徳利に、お

湯を入れたのがルーツとされる「湯たんぽ」。昔はどこの家庭でも使われていましたが、電化製品の普及とともに廃れていました。しかし、愛・地球博（愛知万博）が開かれた２００５年。省エネやリサイクル、エネルギー問題に注目が集まるようになった時代の転機を感じた加藤さんは、昔からある湯たんぽをエコ商品として見直そうと、「湯たんぽ元年」を宣言したのです。

湯たんぽの形は徳利型から、布団の中で転がらないような「かまぼこ型」に変化していきました。それをさらに、高さのあるベッドから落ちないよう、底にドーム状の湾曲を持たせた「動物型（ウサギとハリネズミ）」にも進化させました。また、珪藻土は泥パックや化粧品にも使われる土で、残り湯を洗顔に使うと肌が潤う効果があるとされます。さらに殺菌効果のある酸化チタンも含まれていて、漬物や梅干などの保存食のびんをつくるにはちょうどいい。そんな現代的な機能もアピールし、再び高田焼きの湯たんぽに注目が集まってきました。

ウサギとハリネズミの愛らしい湯たんぽ

「時代が追いついてきたのかな。科学信仰の時代から今、何かがおかしい、自然の持つパワーはすごい！と気づいてきたんじゃないか」と力説する加藤さん。万博以上にエネルギー問題が深刻となった東日本大震災では、東北に１０００個ほどの湯たんぽを提供したそうです。昔から自然とともに暮らしてきた日本。自然に謙虚になること、自分のセンサーを自然に戻すことが大切なのかもしれません。

私も今、足元に「ハリネズミ」を入れて寝ています。電気毛布やシリコンの湯たんぽとは明らかに違い、しっとりとした温かさでじんわ～りと温まります。もちろん朝の洗顔にもお湯を利用していますが、肌に柔らかく感じます。

人気が高まっても、弥満丈の湯たんぽは夫婦ふたりの手づくり。大量生産にはない、ひなたぼっこのような温かさを感じることができるはずです！かまぼこ型は３２４０円、動物型は３７８０円（税込み）。TEL 0572-22-1679

（２０１７年1月掲載）

湯たんぽの場合

工房の横にアトリエがあり、加藤さんはそこで構想を練っています。

そのアトリエ…

元々、現代美術アーティストだった加藤さんの作品がいっぱい…。

「Gold is color of death」などの言葉と共に写真や絵がコラージュされてます。

これは、仏像や寺院に金が多用してあるのは、生と死の世界を分ける色、黄泉の国の色がゴールドということと、金＝経済。お金にとらわれる＝死につながるというダブルミーニング。

机の上には本の切りぬきがつみ上げられていて、すべて美人さんのグラビア。

白黒写真に見えていた紙は、すべて加藤さんが描いた美人画だったのです。

あまりの精密さにびっくり！

歴史ある窯を受けつぎながらその中に流れる美への探求心を垣間見た瞬間でした！

取材こぼれ話

はりねずみとうさぎの湯たんぽ
名付けて「湯たんペット」
かわいい形も使い勝手を考えた末の結果です。
ふとんの中で足元に入れて使う湯たんぽはついつい
足でけってしまう…
しっかり作ってはありますが、ゴロン！とベッドから落ちて
しまっては大変。昔は布団をしいてねていたので、この
ような心配はなかったのですが、現代のくらしに合わせ、
湯たんぽも変化しているのです。
そこに可愛さもプラス!!
夏は氷水を入れてひんやり使う
事もできます。1つずつ手作りの為
少々の色のちがいがあるのも
ご愛嬌です。

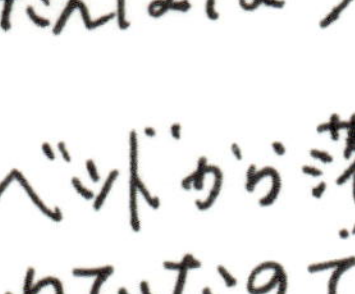

ココのネジ部分も
陶器です。…
ピッタリ合うのがすごい…
職人技です！

エコヂカラ!
第22回

「奇跡の柚子」から学ぶこと

多治見の実家で私がもいだ柚子

ラジオでも公言していますが、私、果実を「もぐ」のが大好きなんです！近所を散歩していると、立派な柑橘《かんきつ》がたわわに実っているのに……取らずにそのままの家庭の多いこと。うう～もぎたい……という欲求が湧き出てきますが、我慢しています（キッパリ！※当たり前です）。

岐阜県多治見市の実家の庭にも柚子《ゆず》の木があり、年に一度収穫するのですが、これがビックリ、200個はとれるんです。1年間、肥料はおろか水さえもやっていない柚子。日本で一、二を争う暑さで有名な多治見の夏をものともせず、たくましく実をつけてくれます。これは私にとっては「奇跡の柚子」です。

もともと柚子は他の柑橘に比べ病気に強く、無農薬栽培が比較的簡単だそう。成長が遅いことを揶揄《やゆ》して「桃栗3年、柿8年、柚子の大馬鹿18年」などといわれるそうですが、いやいや、強くて良い子です。

そのたくましい柚子の実。自然の恵みですから、余すことなく使います。まず、果汁を絞って1年分のポン酢を仕込みます。昆布、カツオ節、米酢、しょう油、柚子果汁を合わせて寝かすだけ。絞り終わった皮は、同量の砂糖と合わせて酵素ジュースの素にします。そして、種。柚子は種が多いのが特徴で、1つの柚子に種が10個は入っています。そして、ぬるぬるとしたゼリー状のものに覆われています。これが実は、美肌にいい！

保湿効果が高く、メラニンの生成抑制や美白効果があるとの情報を知ってからは、種を捨てるなんてもったいないと「柚子化粧水」をつくっています。これが簡単。柚子の種に対して、5倍くらいの日本酒か焼酎を入れるだけ。私は大ざっぱなので目分量でやっていますが、柚子の産地・高知県馬路《うまじ》村の柚子のウェブページを調べると、「種280gに対して焼酎1・8ℓ」が適量だそうです。密閉できるガラス瓶に入れて冷蔵庫で1週間、1日1回、上下にひっくり返してください。たったこれだけで、とろみのある化粧水ができちゃいます。

もちろん無農薬。柚子の種だけを通販で売っているくらい、重宝されているみたいです。使い切れなかった種は冷凍したり、乾燥させたりして保存も可能です。

太陽の恵みだけでたくましく生きている柚子の木を見ていると、自然のたくましさを感じるとともに、色々と与えすぎな現代の生き方を見直さなければと思います。栄養を与えすぎな自分にも……。最近、『奇跡のリンゴ』の木村秋則さんの本を読んだ影響かも知れませんが、「シンプルにたくましく生きる」ことを、柚子から学びました。

（2017年2月掲載）

種を仕込んだ化粧水。これで“柚子美人”に!?

うちの柚子のばあい

ガラスびんに入れた果物は
日にちと共に糖に浸食され
なじんでいきます。
この他、自家製ぽんずは、
しぼったゆず果汁と、かぼす
すだち、レモン汁を合わせて、
さらに同量の米酢、濃い口・
うす口しょうゆ、かつお節、昆布を
入れ半年くらいねかせます。
からめが好きならうす口しょうゆを
多めに、すっぱいのがお好み
なら、米酢を多めで調整して下さい。
これで家用のぽんずは一年大丈夫
とても重宝しています。
今のところ、庭で収穫できるのは柚子だけ。
早く大きく育って、実がなると
良いなァ〜。
無農薬の果物でジャムを
つくれたらサイコ〜です。
夢は広がります。

取材こぼれ話

多治見にある家には、多くて月2回位しか行けて
いません。ここから仕事に通っていた時期もあったの
ですが、毎日の通勤が……。
それに伴い庭の植物たちにはサバイバル生活を
余儀なくさせてしまいました。(ゴメン!)
しかし、植物ってえらい
なァ〜と思います!
水もやらずあんなに
暑い多治見で元気に
生きつづけてくれるん
ですから!
手をかけてない分
実はすべて使い
きろうと考えています。

この、ゆずの生命力に味をしめた私は、庭に
たくさんの果樹を植えてみました。
赤い果肉のすもも、ソルダムやかぼす、すだちなど…
めざせ「人生フルーツ」です!!
しかし、強い植物はゆずだけではなかったのです。
両隣の林から夏になると、藤のつるが伸びてきて
庭中をおおっていることが… おそるべし!植物。

エコヂカラ!

第23回

薪ストーブはロマンと循環!

薪ストーブと“第二の人生”を楽しむ廣地義範さん。おうちも人柄もあったかい!

春を感じるきょうこのごろですが……。この冬、薪《まき》ストーブを体験してきました!

以前から「薪ストーブの魅力を体験においで」と誘ってくれていた、岐阜県多治見市の廣地《ひろち》義範さん。銀行マンとして全国を飛び回り、50歳からは中部国際空港に携わって開港準備や運営業務に奔走しました。

しかし、たまの休みには数々の山に登り、奥さまとの出会いも登山だという「山男」。山小屋の薪ストーブにあこがれ、リタイア後は薪ストーブ導入をテーマに自宅を建て替えてしまいました。

自慢の薪ストーブはノルウェー製。リビングは吹き抜けになっていて、薪ストーブからは7mの煙突が伸びています。煙突からの熱で、温まった空気を天井に設置したファンが動かし、部屋だけでなく家中があったか。玄関からあったかいんです。冬の間、他の暖房機器を使うことは一切ないそう。薪ストーブの威力、すごい！

　リビングにぱちぱちと燃える炎。火の管理も大変なのではと尋ねると、廣地さんは「ココを回すだけ」と、前面に付いているつまみを回しました。すると一気に火の勢いが大きくなって……絞ると小さくなるんです。このつまみは空気の調整弁。たまに薪を補充するのと、酸素量を調整するだけ。家を空けるときも、つまみを絞って小さい火にしておけば大丈夫。

　薪はすぐに使えるものではなく、しっかり乾燥するまで「寝かせる」必要があります。廣地さんの薪は「2年もの」。ちゃんと乾燥した薪なら、すすや煙も少なく、9年前に薪ストーブを使い始めてから、苦情は受けていないそうです。最後に出たすすは、これまたリタイア後に始めた畑のたい肥に混ぜ、できた野菜をご近所に配ると、今度は植木の手入れで出た枝がもらえるそう。立派な循環システムができていました！

薪ストーブがある生活、素敵ですね。

　中部森林管理局の森林ボランティアにも入会し、間伐や薪割りの方法をマスター。ひと冬で4トンも必要となる薪を「すべて買っていてはコストがかかる」と、知り合いのゴルフ場や植木屋さんから間伐材を譲り受け始めました。さすが元銀行マン、コスト意識も違います。

　薪を保管しておく薪小屋を増築したり、年に一度は専門業者に煙突掃除を頼んだり、たまには煙突からスズメが入ってきたり……。何かと手間もかかる薪ストーブですが、輻射熱の気持ちよさ、火の揺らぎを見るぜいたくな時間は、何にも変えがたい幸せがあるとのこと。「男のおもちゃとして最高だ」と、胸を張る廣地さん。薪割りのおかげでゴルフの飛距離も伸びたそうで……リタイア後だからできる、すてきな時間を過ごしているようでした。

　いつかは薪ストーブ、あこがれですね。

（2017年3月掲載）

薪ストーブのばあい

ストーブの煙突が天井まで伸びている為リビングは2階まで吹き抜けになっています。
7〜8mの高さのたて長空間なので ひびきが良い!
奥様の康子さんのお仲間が集まり、コーラスの練習をするにも 最適。
練習のあとは、薪ストブにあたりながら、お茶を楽しむ一時が何よりの時間だということでした。

←セントレアのある空港島は、ドラゴンズのDの形。しかし、和歌山出身でタイガースファンの廣地さんは「ターミナル棟はTの形だ」とゆずりません(笑)

2階の廊下からリビングを見下ろすと、こんな感じ。あたたかな空気が家中しっかり伝わっていて玄関も寒くないです。この家で、ヒートショックはなさそうです。

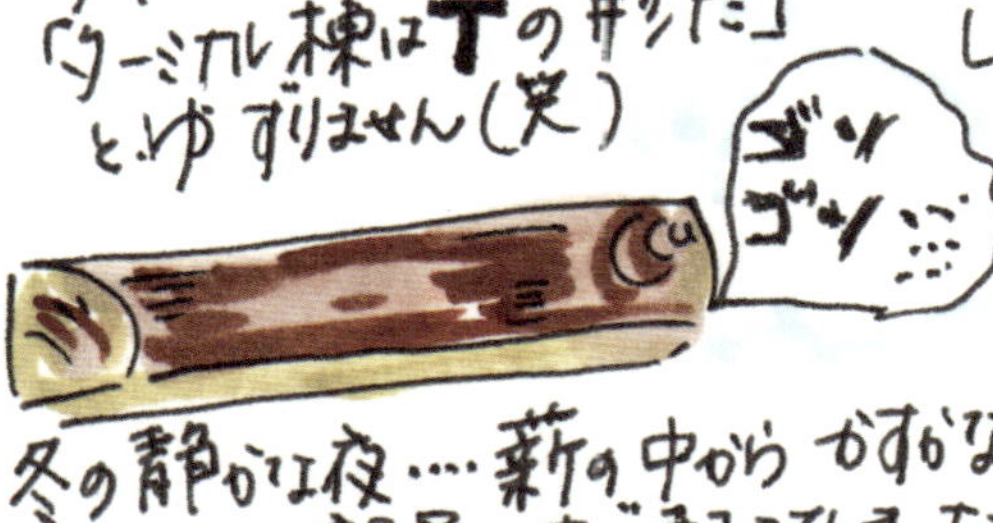

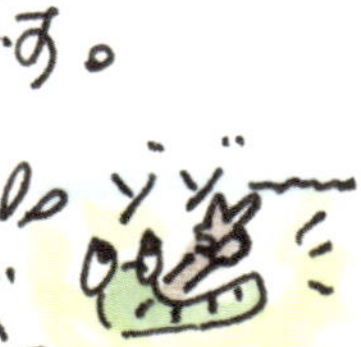

冬の静かな夜…薪の中からかすかな音が…あったかい部屋の中で起きてしまった虫さんが木からはい出そうと動いている音。その薪は早めにストーブへ投入!すこしかわいそうな気もしますが、これも自然です。

取材こぼれ話

廣まやさんとの出会いは、中部国際空港セントレア開港前の
2003年頃。東海銀行(この名前も、なつかしいですねー!)
から、空港会社へ行き、財務の才能を生かして、日本初の
民営空港として、経済的でありながら、バリアフリーな空港を
作り上げました。(開港前から見学もしているので愛着があります。)
この「バリアフリー」という言葉。実は、それ以外の場所には
バリアがあるという逆の意味も含んでいます。
だから、全てがフリーな「ユニバーサルデザイン」を目指そう!と、
幹部自ら車イスに乗り、スロープの傾斜がきつくないか、
体験したり、トイレも車イスごと、個室に入れるようにしてあります。
通路やトイレが広ければ、
車イス利用者はもちろん、大きな
スーツケースを持った旅行者にとっても使いやすい!
だからセントレアは、顧客サービスに関する国際空港評価
「World Airport Awards
2018」で、Regional Airport
部門で世界第1位を連続
受賞しているんですネ(SKYTRAX社)
夏は展望デッキをつかったユニークな空港盆踊り大会もある、セントレア。
ごはんもおいしいです☆

エコヂカラ!

第24回

花を身に付け、春を楽しむ

大きな花のブローチをつけた「Liita」の柘植晶子さん

おしゃれも楽しい春がやってきました。コサージュ・ブローチというと、一昔前は入学式でお母さんが胸につけるものという印象でしたが、最近はシンプルな洋服にさりげなくつけているおしゃれな人をよく見かけます。そこで今回は、花びら一枚一枚を染めるところから、手作業でコサージュをつくっている作家工房におじゃましました。

愛知県みよし市の住宅街にあるアトリエ「Liita（リータ）」の柘植晶子さん。服飾系の短大を卒業したあと、結婚・出産を経て、子どもが保育園に入ったころに趣味で小物をつくり始めました。

幼いころ着ていた服は母の手づくりだったという環境で育った柘植さん。「そういえば手づくりするのが好きだった！」と思い出して小物をつくっていたところ、ママ友から「器用そうだ

私のお気に入りは、小さな花のついたピアス

からつくって」と頼まれて、コサージュづくりにハマります。黙々と何かをつくっている時間が楽しくて、お店に売っているコサージュを見ては研究し、ほぼ独学でつくり始めました。

柘植さんのアトリエは普段、家族が食事するリビングの机。布から花びらを切り出し、一枚ずつ染め、コテで丸みを出して組み立てます。できた花を組み合わせてコサージュにしたり、染めも一気に染められるものもあれば、何度も色を重ねたり、筆で色をのせたりと、本当に手のかかる作業。主婦、母としての仕事もあるので、一日数時間しか製作できない日もあるとか。「家事の手抜きはプロです！」と笑いながら胸を張る柘植さんですが、夫の理解があり、高校生になった娘も手伝ってくれて、今は自身のウェブサイト（http://www.liita.net/）の他にワークショップを開いたり、セレクトショップでの扱いもあったりと忙しい毎日です。

生花を束ねたコサージュももちろんすてきですが、Liitaの魅力はなんともいえない、くすんだ色味。色や形など、本物の花からインスピレーションを得て、デフォルメしたりイメージを膨らませたりして、自然界にはない、やや朽ちた雰囲気を目指しています。

布を染める染料は、ほんの少量で色が変わってしまうため、理科の実験のように最低2、3種の染料を混ぜて色を出します。染めた瞬間によい色が出ていても、乾くと変化してしまうなど、苦労もあり、面白くもあるそうです。

手づくりにこだわったブローチ

そんな生花にはできない飾り方、染め花だからこそできるオリジナルな世界を追求する柘植さん。ちなみにLiitaには「つなぐ」という意味があるそうです。自然と自分をつなぐ、すてきな名前です。

価格は3500〜6000円ほど。ウェディングやコサージュの問い合わせは電話（090-3445-0067）でも。

（2017年4月掲載）

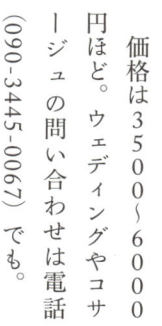

手づくりコサージュLiitaの場合

オリーブ　タンポポ　花びらピアス

liita_shokoさんの
インスタ画像。美しい…♡

晶子さんが作品作りするテーブルは
家族の食卓。椅子に座ると、
すぐ後ろには壁一面に棚が
設置してあり、ひき出しの中に
アートフラワーの部品や道具が入ってます。
振りむけばすぐ手が届く所に
おくことで、サッと取りかかれます。
毎日、娘さんのお弁当をつくり
(これがまた美しいお弁当なんです。)
忙しい日々の中でも自分の時間を
つくる極意はこのような細かな
工夫のつみ重ねにあるのだなアと
良いヒントをもらいました。

取材こぼれ話

昔はコサージュといえば…

カトレア。

Liitaのコサージュは…

自然なくすみカラー

私の母は、幼稚園教諭でした。
春は卒園、入園の季節。一年間、丹精こめて
育てたシンビジウムを重ねて、お手製のコサージュを作り
胸に飾っていた姿が思い出されます。
手作りのコサージュも素敵ですが、時間と共にしおれてしまう。
今は、造花も進化していて、本物の花のような…。
そして、本物にはない、色合や魅力を生み出している
ものもあり、さりげなく「花を添えて」くれています。
Liitaのコサージュ・ブローチは「さりげなさ」がポイント。
日常にも使える気軽さも人気のヒミツです！

エコヂカラ!
第25回

命を育み、命を守る幼稚園

ユニークな丸い園舎で有名な東京の「ふじようちえん」

この春、息子が新1年生になりました。これから6年間、お世話になる小学校は海抜10mの高さにあり、広域避難場所に指定されています。

もしものとき、私たちの命を守る公共の建物。2011年の東日本大震災や昨年4月の熊本地震では、災害時の拠点となるべき庁舎などが大きな被害を受けて、混乱が広がりました。防災、環境イベントで話を聞くことが多い名古屋大学減災連携研究センター長の福和伸夫教授も「庁舎や教育施設は十分な安全性を確保しておかなくてはならない」といつも話しておられます。

地震の揺れに加えて、津波や浸水の恐ろしさを目の当たりにした日本に住む私たちです。港区にある富士文化幼稚園が、耐震性の強化や約1mのかさ上げを目的に園舎の建て替えを始めたとのことで、話を聞いてきました。

この園の子どもたちは、毎年バケツ稲を育てるなど、環境や生きものと親しんでいます。近所の人も気軽にお茶を飲みに訪れたり、土日はお年寄りが民謡教室のために遊戯室を借りたりと、普段から開放的。町内の夏祭りもここで開かれます。

そんな園を建て替えるにあたり、関係者は東京都立川市にある「ふじようちえん」を参考にしました。

その園舎の形は、丸いドーナツ状。屋根は屋上運動場となっていて、子どもたちがぐるぐると走り回ります。設計したのは建築家の手塚貴晴さん、由比さん夫妻。斬新なアイデアとデザインで世界的に注目され、代表作であるこの園には国内外から見学者が訪れています。

「園舎全体を巨大な遊具にする」というそのコンセプトに共感した富士文化幼稚園運営法人の笹野大栄《ともえ》さんが、手塚さん夫妻に新園舎の設計を依頼しました。

「私自身も、子どものころに木登りが大好きでした」という笹野さん。かさ上げをしながらも、現存する木を残すことで木に飛び移ったり、屋根の上からの景色を楽しんだりできないかと提案。また、町のモニュメントとなるものをつくりたいとも伝えました。

そうした思いを形にした手塚さん夫妻の設計。土地の形状の関係で、丸い園舎ではなく、四角い建物をつないだ形になりましたが、屋上は走り回れます！　屋根からつるされたブランコに揺られ、柱についている丸カンにぶら下がれ、もちろん木登りもＯＫ。「雨垂れさえも楽しく、びしょびしょに濡れても楽しい園」になるそうです。

地域の人に使ってもらうため、遊戯室は音響設備を完備し、ステージからは畳敷きの花道が伸びるという、和の出し物にも対応できる多目的ホールになりました。災害時には避難や救助の拠点にもなることでしょう。

防災というと後ろ向きなイメージもありますが、それを思いっきり前向きに転換して、子どもたちと地域の未来が描かれています。

（２０１７年５月掲載）

名古屋の「富士文化幼稚園」は四角い園舎の上を子どもたちが走り回ります！（写真は完成予定模型）

富士文化幼稚園の場合

普段から地域の人々に開かれているこの園は、平日は子どもたちの、土日は町内の人々の習い事や発表の場として、また、地域の夏祭りも行われるなど、地元の人にとって無くてはならない場となっています。
卒園した子どもたちも大きくなって遊びにくるなど、長いお付合いの場となっている富士文化幼稚園。
その為に園長先生は、土日も要望に応じて鍵を開けているとのこと!!
職員も含め、全体が地域とつながっているのです。

岡田園長先生
（自称・名古屋のチェ・ジウ…る）

琴奏者としても活躍する笹野先生

取材こぼれ話

取材した時は まだ 模型
だった園舎は、2018年4月に、新入園児たちと共に、
スタートを切りました。
晴れた日は 空をあおぎ、雨の日は 雨だれの音を楽しむ
日々を 子どもたちは すごしていることでしょう。
手作りのクッションや、ブランコのあざやかな色がアクセントと
なり、にぎやかな雰囲気が演出されています。

緑いっぱいの店の熱いこだわり

「スゥルギ」のオーナーの1人、中島弘之さん。
「時間のないお客さんには長い説明はしません（笑）」。でも、熱い人です！

濃い緑がいっそう勢いを増す季節。母も祖母も植物を育てるのが好きで、実家では春はサツキ、冬はシンビジュームが華やかに咲いていました。しかし、グリーンハンドとはほど遠い私の手。つい水をやりすぎて枯らしてしまうことが多かったのです。

でも今、わが家のベランダの手すりには、藤のツルがこれでもかと伸び、部屋の中には大きなパキラが葉っぱを広げています。このパキラはどんどん新しい葉が出てこんもりと育ち、ソファに横たわると、まるで大きな木の下にいるかのような気分を味わえるまで大きくなりました。

枯らす専門の私を生まれ変わらせてくれたのは、東山の植物の店「スゥルギ」さん。友人に誘われて、クリスマスリースづくりのワークショップに参加したのをきっかけに知ったのですが、お店の中が大きなグリーンでいっぱい！ちょっとした植物園みたいです。

オーナーは東京の花屋さんで働いていた片桐恵美子さんと中島弘之さんの2人。部屋に花や植物を取り込んでほ

しい、そのきっかけとなるお店にしたいと2001年にオープン。店名はフランス語で「ヤドリギの下で」を意味する「SOUS LE GUI」にちなんでいます。

ポイントは変化のある花。ふと横を通ると、香りがほのかに漂ってきたり、夜つぼみだったものが翌朝ぱあっと開いていたり、定番のバラもこれから開く状態のものだったり。「置いてあるんだけれど、動きのあるもの。植物も生きているんだと感じることのできる花」を毎朝、市場での出合いでセレクトしているそうです。そんな話を聞くと、花の変化を見つけようと、つい見ちゃいますよね？ 私がまさにその〝スゥルギマジック〟にはまった一人。大きな観葉植物を置きたくて相談して、葉っぱの形でパキラに決めました。

わが家ですくすくと育っているパキラ

私、買い物は早いほうでまったく迷わずに決めるんですが、今回は購入まで約1時間かかりました。迷ったんじゃないです。中島さんの説明が熱かったんです！（笑） 要約すると、置くんじゃなくて、見る。葉はもちろん、土を見る。さらに土の中を見る。中まで乾いていたら水をたっぷり。葉っぱにほこりが乗っていたらふく。霧吹きで水をやる……。

「パキラが育った環境にしてやれば大きくなります」と中島さん。でも、パキラの原産地って、南米のコスタリカ？ うち名古屋ですけど……。枯らしたら中島さんが泣いちゃうかも……などと思っていると、「枯らすのも経験なので、またチャレンジしてもらえればいいですよ」と優しく反応してくれ、私の心は決まりました。

しゃべれない相手だからこそ「見る」ことが大切。部屋の中に緑があるだけでみずみずしい気持ちになるから不思議です。植物と一緒に生活する楽しみを、ぜひ！

スゥルギは千種区新池町2-8、エスポア東山管理棟1階。営業時間は11:00～19:00（土日祝は18:00まで）、木曜休み。問い合わせは電話（TEL 052-753-5748）またはメール（info@sousle gui.jp）で。

（2017年6月掲載）

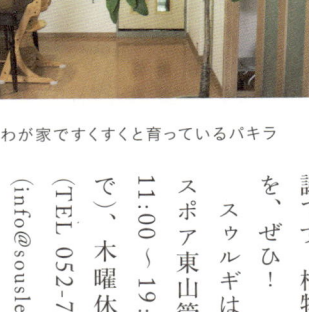

植物いっぱい スワルギの場合

太陽のような笑顔の片桐さんと、繊細な
中島さん。お2人の「好き」がつまったお店は、
マンションの一部とは思えない程、風が通り、天井から、
ハンギング植物。外には風にゆれるエアプランツ。
他では見た事のない植物に出会えます。
ブーケやリースのレッスンも楽しいですョ。

クリスマスリースは針葉樹の
香りがすがすがしく、気分も
リフレッシュできます。
枯れても良い味を出していて、
我が家は一年中、飾っています。

取材　こぼれ話

♪この木なんの木
気になる木♪

あのCMに憧れて
木の下でゆっくりと
読書がしたい、とハワイへ
行った私。年中ハワイに
いられたら最高なんですが。
そんな訳にもいかないので
家の中を緑化できないかと
スウルギさんに相談してみました。
この木なんの木「モンキーポッド」
は、さすがにむずかしい
だろうという事で、選んだ
木は、大きく枝を
広げるタイプの
パキラ。

ソファに座った時に
視界に入れるようにと、高さを
出す台もセットしてもらい、いざ！座ってみると……
木の枝を見上げる、夢に見た風景が広がりました！
パキラを枯らさないよう、土を触って中の水分量を
チェックし、私にしてはまじめに植物に向き合ってます。

エコヂカラ!
第27回

やさしさあふれる「おうち宝箱」

独特の陶芸作品で知られる土岐市の藤居奈菜江さん（右）。アトリエもナチュラルな環境

おうち、といっても人が住む家ではありません。あなたのとっておきを入れる宝箱。名づけて「おうち宝箱」を作る藤居《ふじい》奈菜江さん（岐阜県土岐市）の自宅兼アトリエにうかがいました。

縁側のある古い日本家屋。本宅に続く3間が藤居さんと夫の中村崇心《たかし》さんのアトリエ、大きなガス釜のある工房となっています。それぞれ陶芸家であるお二人は7年前、もともと陶芸家が住み、釜も設置されていたこの家にアトリエを構えました。

藤居さんの作品はコロンとしたまあるい形の茶碗や花瓶など、おとぎ話に出てくるようなかわいらしさが特徴。白、黄、茶、ねずみと、色合いの異なる土をあわせた色のグラデーションがユーモラスな表情を加えています。

粘土は絵の具のパレットのようにたくさんの色があるそうです。しかし、土の種類が違えば収縮率も違うため、焼成するときに割れや切れ目ができることがあります。しかし、藤居さんはそれをうまく解決して、さまざまな土を組み合わせる「練り込み」という技法で作品をつくっています。この斬新な手法、藤居さんいわく「知識がないから感覚でできちゃう！」そうです。

滋賀県に生まれ、大学で彫塑を学んだ藤居さん。卒業後は美容院やホテルなどで働いていましたが、やはり焼き物を学びたいと京都の陶芸専門学校へ。さらに多治見市の有名な陶芸家「ギャルリ百草」の安藤雅信さんに師事することが決まり、実技の世界に飛び込みます。

15年ほど前、陶芸の世界はまだまだ男社会。絵付けはやらせてもらえても、ろくろを回すことは許されない、そんな雰囲気がありました。しかし、女性が製作の現場に携われる貴重な機会だと、藤居さんは百草で作陶に没頭する日々。そんな中、リフレッシュのためにつくった自分の作品をクラフトフェアに出品したら、学生さんが「かわいい！」と言っておこづかいで買ってくれました。そこから本格的な作家の道に進むことを決意しましたが、結果的に陶芸の専門的な勉強は途中に。しかし、だからこそ既成概念にとらわれないオリジナルな世界が築けたんですね。

藤居さんの「おうち宝箱」。
屋根を開けるとキラキラのガラスが！

冒頭の「おうち宝箱」はすべて手づくり。丸めた粘土をたたいて形をつくり、窓は割りばしを使ってちょんちょんと……。上に乗った屋根は木工作家とのコラボレーション。家具づくりで余った端材を再利用して、おうちに合わせて削ってもらいます。

この屋根を開けると、中にはきらきらと輝くガラスが敷き詰められていて、まさに宝を見つけた気分！　ガラスは、ガラス作家の義弟の工房から出た廃ガラスを再利用。捨てられてしまうものを上手に生かしています。女性らしい丸みを帯びた作品たち。手に乗せると、優しい気持ちになるようです。

器は西区の「カフェギャラリーhagi」（TEL 052-501-7134）、おうち宝箱は「DO LIVING ISSEIDO 星が丘テラス店」（TEL 052-783-8828）で扱いあり。

（2017年7月掲載）

おうち宝箱の場合

うちにある藤居さんのドーム型器。
食卓にお菓子などをおいておくと、猫に盗まれて
しまうので、フタ付のものが欲しくて、「なるべく大きめの
ものを。」と、お願いしました。
まるくて可愛い。色と質感のちがう土がねり込まれている
藤居さんならではの風合い。我が家のテーブルに腰を
おろし、おいしいものを守ってくれています。

作品も作家に似る？
お顔とお団子ヘアにそっくりの美しい丸。
最近は、耐熱手付きのお皿も
つくってます♡

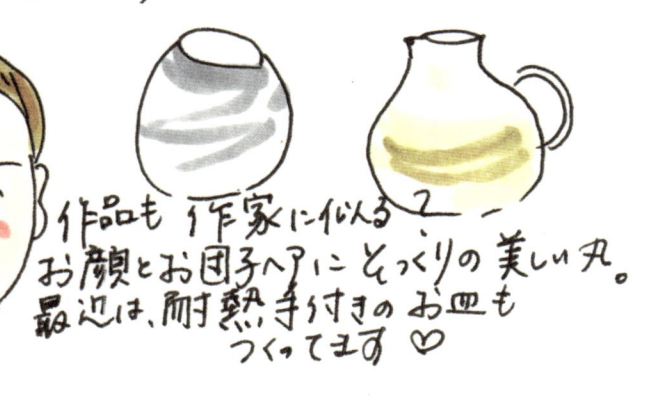

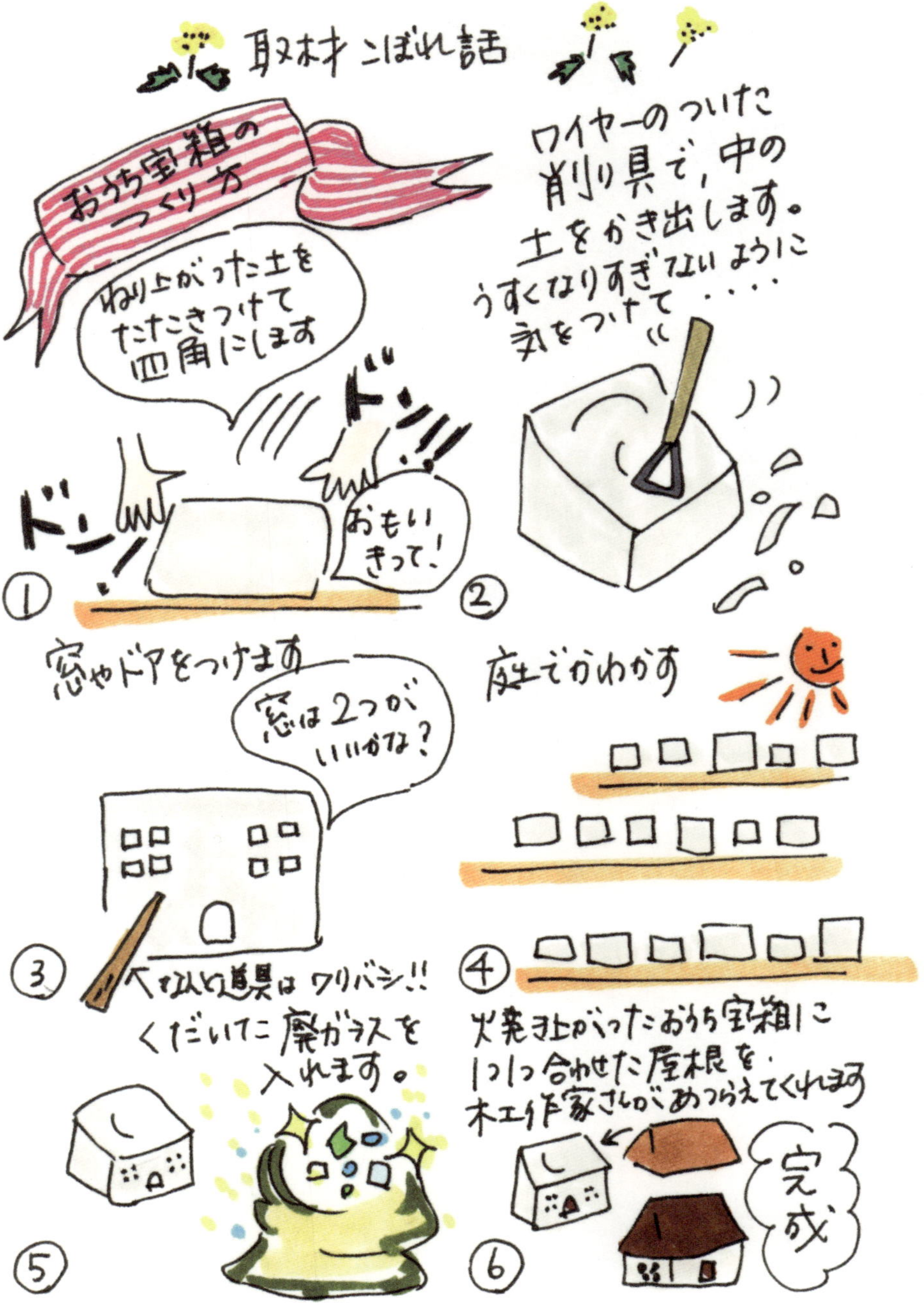
取材こぼれ話
おうち宝箱のつくり方
ねり上がった土をたたきつけて四角にします
ドン
ドン!!
おもいきって!
①
②
ワイヤーのついた削り具で、中の土をかき出します。
うすくなりすぎないように気をつけて・・・・
窓やドアをつけます
窓は2つがいいかな?
③
↑なんと道具はワリバシ!!
庭でかわかす
④
くだいた廃ガラスを入れます。
⑤
焼き上がったおうち宝箱に1つ1つ合わせた屋根を木工作家さんがあつらえてくれます
⑥
完成

「和」の真髄は「包丁」にあり

緑区の日本料理「やまと」の崎正美さん。有松の古い街並みになじんでいます

普段、何気なくいただいている和食。日本料理といっても、今は食材も豊富で創作料理が主流となっています。でも、すべての日本料理の元となるのは平安時代から続く「四條流」という料理法なのです。

魚や野菜の切り方から、だしのとり方までを細かく取り決めしたもので、もともとは平安朝時代の宮廷などで来客へのもてなしとして包丁さばきを見せたのが始まり。平安時代の四条中納言藤原山陰が光孝天皇の命を受け、作法を定めたところに由来します。

そこからさまざまな流派に分かれ、それぞれの料理人たちは公家や武家の料理番を務め、今に至っています。日本料理の道を志す人が調理師学校で習う作法や技術、すべてがこの四條流から派生しているといっても過言ではないそうです。

その四條流包丁式師範であり、副頭取という要職にある料理人、崎《さき》正美さんのお店が緑区・有松の旧東海道にある日本料理「やまと」です。

伝統工芸、有松絞りの問屋として13代続いた神谷半太郎の旧家を改装した日本料亭。名鉄「有松」駅から歩いて3分と便利な場所にありながら、ひんやりとした静かな空気に包まれ、落ち着いた雰囲気です。

崎さんは恵那峡グランドホテルの料理長など、料理人一筋に生きてきた方。その料理の礎となる四條流包丁式を知り「料理をもっと追求したい、その原点を知りたい！」と師範の門をたたきました。

包丁式は、かつて宮中で行われていました。現代は寺社の奉納儀式として行われるので、ニュース映像で目にしたことがあるかもしれません。最近では伊勢神宮の式年遷宮で奉納され、毎年1月12日には東京・東上野の坂東報恩寺で「まないた開き」の儀式が執り行われています。

烏帽子《えぼし》と直垂《ひたたれ》をまとった師範が、大きなまな板の上で鯉や鯛をさばきます。この切り方にも決まりがあり、直接手を触れてはいけないので、はしと包丁のみで切り分けていくのです。

実のところ、四條流の技術を学んだからといって給料が上がるわけではないそうです……。それでも「歴史と伝統を受け継いでいく流派の先輩たちの男気にほれた」という崎さん。現在の16代家元は半田市の入口修三さんで、東海地方の日本料理も機運が盛り上がるかもしれません。

「やまと」の料理は一つ一つが美しく盛り付けられ、茶碗蒸しのシイタケも別にしっかりと煮含められたものであるなど、丁寧に手がかけられています。包丁などの道具は大事に使い込まれ、伝統的な素材が生かされ、料理人の技やこだわりはこうして残されていくんですね。そんな「おもい」のこもった料理を楽しめるひとときを、歴史ある建物の中でゆっくり味わってみてください。

（2017年8月掲載）

崎さん（中央）が参加した包丁式の様子

四條流包丁式のばあい

今では家庭の料理の際にも使われている切り方。たとえば……

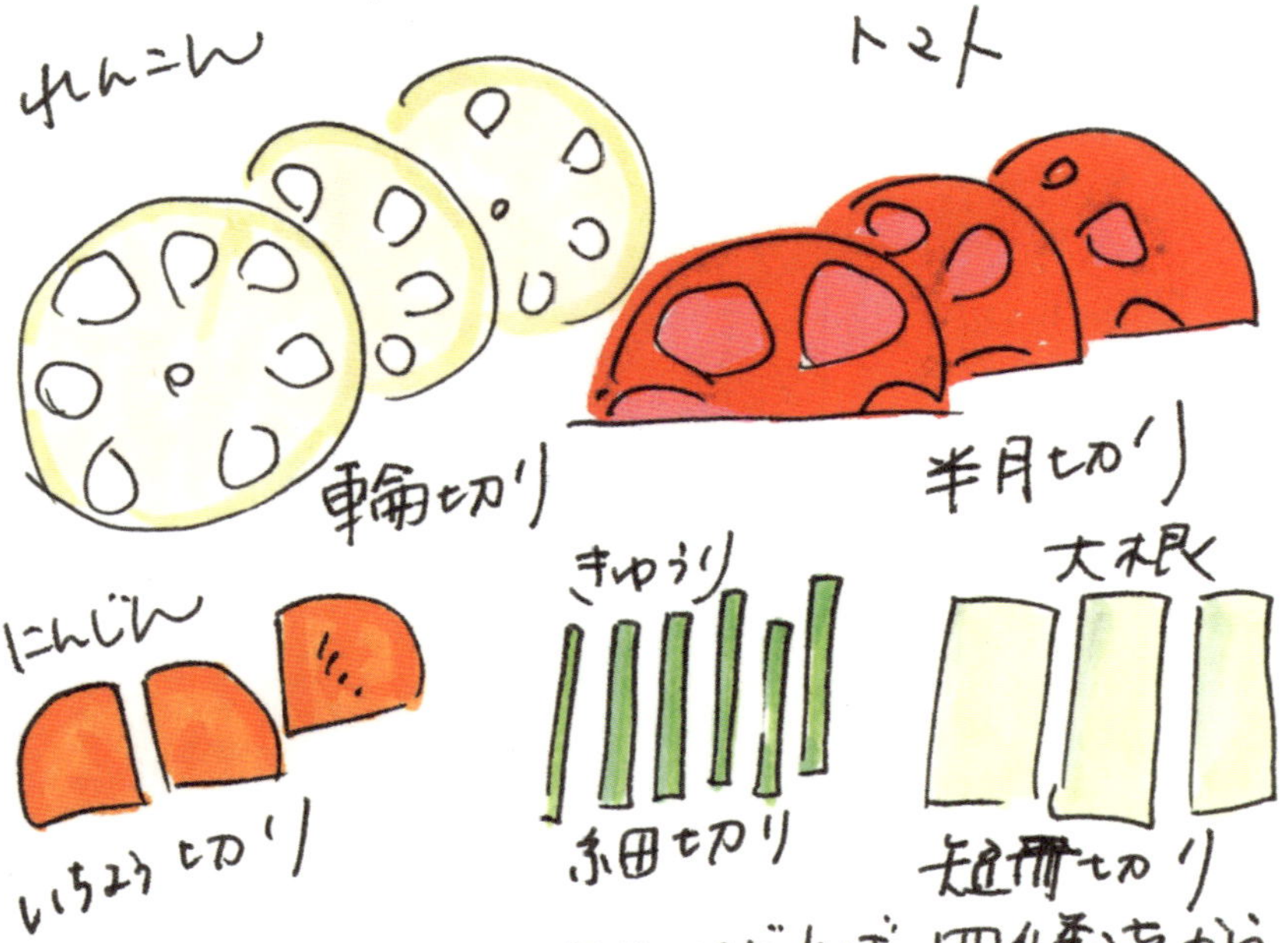
れんこん
トマト
輪切り
半月切り
にんじん
きゅうり
大根
いちょう切り
細切り
短冊切り

などなど…切り方も元をたどれば、四條流から。

昔は肉を食べる習慣がなく、魚が中心でした。本の中には、鶴を調理したとの記述もあるそうです。どんなお味だったのでしょうか？？

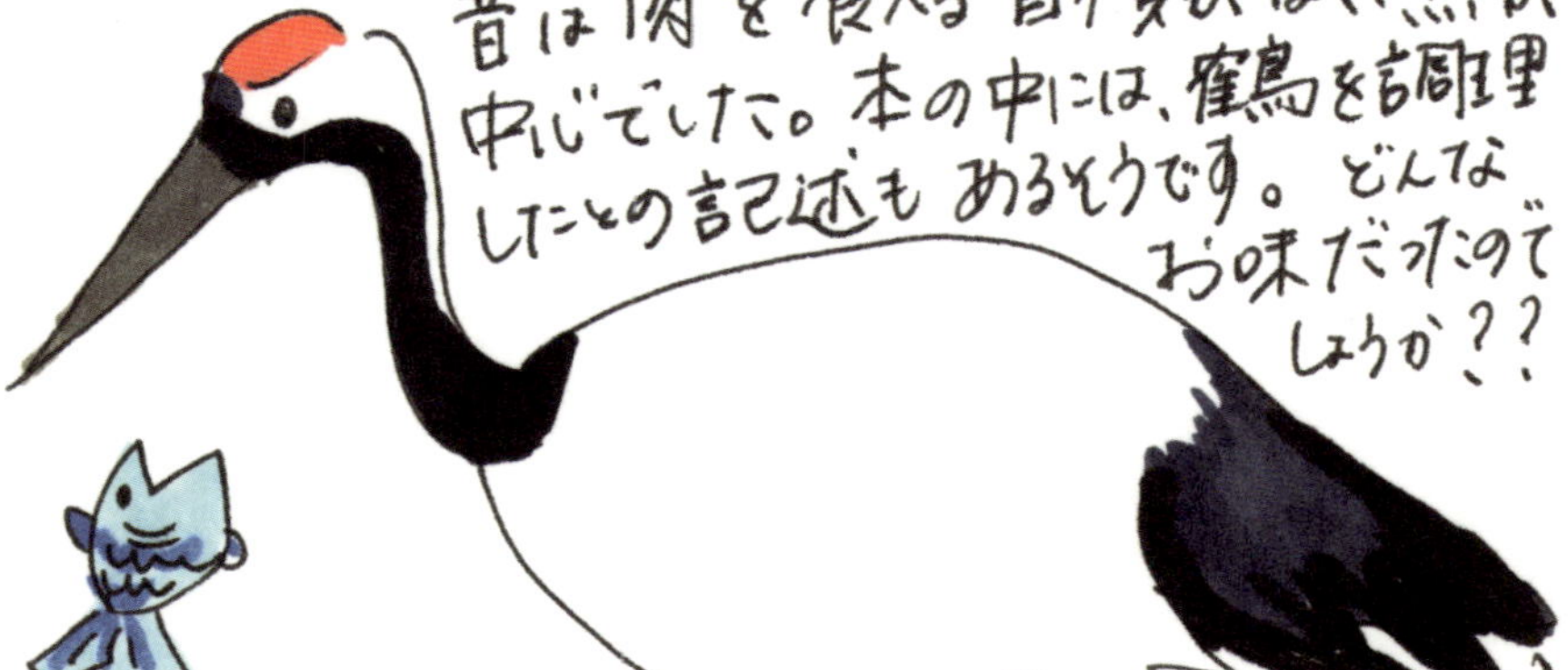

取材こぼれ話

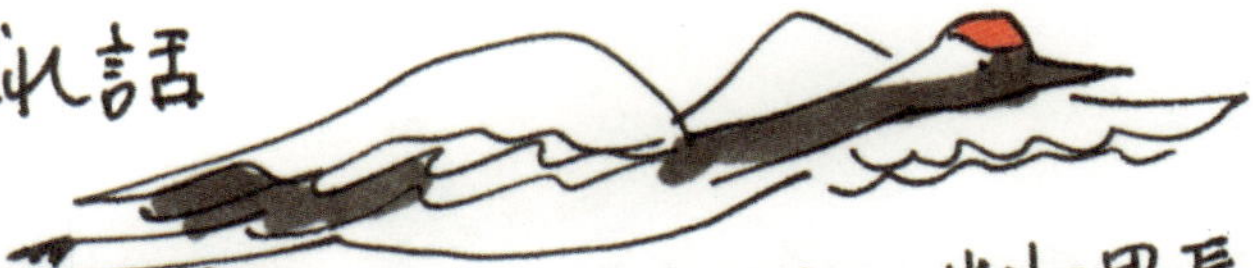

とてもおだやかな料理長
山崎さん。
実は東海ラジオの元レポート
ドライバー崎美紀さんのお父様
山崎ちゃんのご実家ということで
食事にうかがい四條流の
ことを知りました。
お父様は和歌山出身・
ザ行がダになりがちで、例えば
「全然」とメールに打とう
と、思ったら「でんでん」と
打っていて、ちっとも変換
が出てこないとか…
楽しいインタビューでした！

こちらが長年口伝え
だった四條流の
作法を本にしたもの。
とても大切にされている
書物で、娘さんでも
さわらせてもらえないんだ
そうです。道具も、本も、食材も、大切に扱う
ところにも、「心」を感じました。

かわいらしいカフェを切り盛りするかわいらしい中村江里さん

エコヂカラ！

第29回

野菜極めるカフェで「私」の時間

夏バテすることもなく元気に過ごした私ですが、必要ないのにスタミナをつけようとしたため体重も右肩上がり……。野菜中心のごはんがいいなあと思ったときに行くのが、昭和区川名にあるカフェ「ごはんとおやつとひとときと」です。

雑居ビルの1階にこぢんまりと構える店舗を一人で切り盛りするのは、中村江里さん。オーガニックカフェで働いていた経験を生かして2012年に自分の店をオープンさせました。一人の時間をゆっくり過ごしてほしいから、店内はカウンターと小さなテーブルの造りに。自身も一人でカフェに行くのが好きで、カウンター多めの店にしたそうです。

20代前半に一人暮らしを始めたころは「健康オタク」だったという中村さん。よいと思うことを、それこそ何でもストイックに実践していたそうです。そんなときに出合ったのが、マクロビオティックの本と、その中にあった「地産地消」「身土不二《しんどふじ》」という2つの言葉。前者はRisa読者ならおなじみ、地元のものを地元で消費するという意味、後者はもともと仏教用語で「身」（今までの行為の結果）と、「土」（身がよりどころにしている環境）は切り離せない、という意味。そこから派生して「地元でつくられる食品や伝統食が身体によい」として、食養生の世界では大切な言葉となっています。この2つが中村さんにとって「これだ！」と、すとんと腹に落ちて、野菜料理の道が始まったそうです。

はじめは動物性のものは使わないと、野菜中心で料理していました。でも、試行錯誤する中でカツオだしも使ってみると、とってもおいしい。じゃますするのでなく、カツオだし（動物性のもの）が野菜（植物性のもの）のおいしさを引き立てると気づき、今はちりめんジャコなど、ある程度の動物性は使うようになりました。

野菜中心でボリュームたっぷり！
のランチ

ランチメニュー（おひるごはん）は野菜のおかず5品とご飯とスープのお任せですが、野菜といってあなどるべからず！　これ、私自身が感じたことですが、すごくおなかいっぱいになるんです。

一つのおかずの中でも違う食感が合わせてあったり、コロッケもつぶしたホクホクジャガイモの中に千切りのしゃきしゃきジャガイモが入っていたりして驚きがある！　私も一応、主婦なので毎日ごはんをつくっていますが、中村さんのごはんを食べると何かしら新しい発見があって、料理のレパートリーが増えるんです。

また、5種類の野菜のおかずが小さな器に一つ一つ盛り付けられていて、器を手に取るのも楽しい。作家ものの器で提供される野菜たち。いただく私も野菜にとっても幸せなひとときです。

「自分がおいしいと思うものを出しています」と自信を持って言い切る中村さん。土なべで炊いたごはんがおいしいのはもちろん、卵・バター不使用の焼き菓子やスコーン、豆乳プリンなども楽しめます（どら焼きやドーナツには卵を使用）。野菜の食感、かむ楽しみとともに、おいしい時間が過ごせますよ。

地下鉄鶴舞線「川名」駅から徒歩3分。木金曜休み。おひるごはんは11:00～、日替わりお任せメニューで1420円、2人までの完全予約制。14:00～17:00まではおやつタイム。予約はメール（g.o.hitotoki@gmail.com）で。

（2017年9月掲載）

おやつとひとときとの場合

間取り図
焼き菓子たち
えりさん→
カウンター
本棚
まど
入口

1人でゆっくり過ごしてほしいから、とカウンター
中心の小さなお店です。
おひるごはんは完全予約制で、人数も2人まで!!
人数制限している理由は‥‥?
「女性って、集まると、つい、もり上がったり、グチを言ったり
しちゃうんですよね〜。狭いお店なので、他の
お客様に聞こえるのもイヤだし、私も聞きたく
ないし〜。」　私‥‥ヘンな事しゃべってなかった
かな!?と、不安に‥‥
でも!　江里さんのごはんを食べたらおいしくて、
グチも嫌なことも ふっとびますよ!!

取材こぼれ話

ごはんと

たっぷり野菜のおかずと玄米ごはん

手削りの「さじ」と呼ぶのがふさわしいスプーンと、
先が細〜いおはし。
あげものを割る時に折れてしまいそうなくらい
繊細なはしですがとても使いやすいのです。

右上の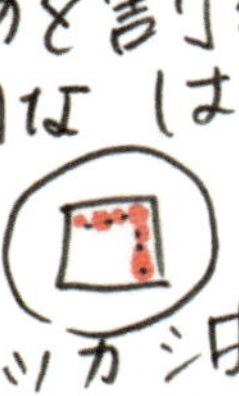はお手ふき。
夏はハッカ油が含ませてあり
とてもさわやか☆
香りで涼をとる素敵な心配りです。

クーラー苦手なんですよ〜
だから少しでも涼しく、と…

エコヂカラ!

第30回

自然の芸術、人という自然

「たたく」画材で鮮やかな作品をつくる岩元彩那さん

　私の生まれ育った岐阜県多治見市は美濃焼が地場産業。小学校の通学路には陶器工場があり、つくりかけの白い器を見ながら通っていました。子どものころは興味を持てなかったのに、年を重ねていくと自分で作陶する楽しみを知り、日々の器もちょっといいものをそろえる喜びを知る……。大人になったもんです（笑）。

　その多治見市で「国際陶磁器フェスティバル美濃'17」が開催されました。1986年から3年ごとに開催されている陶磁器の祭典。世界的に知られるコンペティション「国際陶磁器展美濃」を中心に数々の展覧会やイベントが開かれます。その会場で2011年から、陶磁器の産地で生きる障害のある人約60人が制作した陶磁器をはじめ、絵や刺しゅう、織物などの作品が並ぶ「アール・ブリュット美濃展」が同時開催されているのをご存じでしょうか。

　アール・ブリュットとはフランス語で「生の芸術」。日本では障害者アートという意味で使われることが多いですが、本来は作品に純粋な衝動を感じる作品のこと。今回は3月から多治見市の脇之島小学校と土岐市の障害者支援施設「はなの木苑」を会場に作品が制作されていて、取材に伺った私はまさにその「衝動」を目の当たりにしました。

この日は、はなの木苑の入所者やその他の参加者約30人が集まり、作品づくりを進めていました。月に1回は造形活動をしているそうで、皆さん慣れた手つきで陶器の色付けや大きな絵を描いています。その目線と手元にちゅうちょがない！　内部から湧き出てくるものをどんどん作品にしていく様子に圧倒されました。

美濃加茂市から参加した岩元彩那さんは「たたく」動作が好きで、割りばしに毛糸を巻きつけたオリジナルの画材を使って鮮やかな絵を描いていました。そばにいたお母さんは「家でもリズムを取っているので、この動作が好きみたいです」と、新しい楽しみを見つけた彩那さんを見守っていました。

展覧会をサポートするのはボランティアスタッフの皆さん。施設職員の服部さんや、障害のあるお子さんを持つ向井さん、陶芸家の中村さん他、多治見市陶磁器意匠研究所の生徒さんらがサポートしています。中村さんは土岐市で工房「南風《はえ》」を構え、「崇心《たかし》」として作家活動をしています。20年ほど前から子ども向けの教室を開催。学校や障害者施設での指導を頼まれるようになり、今回も制作のサポートをしています。

国際陶磁器フェスティバルに合わせて開かれた
「アール・ブリュット美濃展」

日常生活の中では気づかない、その人の持つ「何か」。「作り出したいという何か、があるんです！」と中村さんは言います。障害のある人たちは言葉では表現できなかったり、できることがそれぞれ違ったりします。中村さんたちは用意したものを強制するのではなく、その人をとにかく観察して、内側にある何かを見つけていくのが役目だそうです。自分の内側にある何か。私にはあるのかな？　と、自分の内面を見つめ直した時間でした。

（2017年10月掲載）

アールブリュット美濃展の場合

土岐市内の 緑いっぱいの工房。
中村さんは「おうち宝箱」の藤居奈菜江さんのだんなさま。
元々、陶芸家が住んでいた 窯のある物件を見つけて
2人それぞれに製作しています。
工房「南風」という名は、沖縄県立芸大で陶芸を
学んでいた ところから。
宗じさんは、障がいのある方や、子どものアート活動を共に
楽しむ「アトリエ☆ジグザグ」も立ち上げて、活動しています。

取材こぼれ話

アールブリュットの参加者は、1人1人、得意なこと、できる事がちがいます。「○○を作りましょう！」ではなく、その人が作りたいものを聞き出し、サポートするのが、ボランティアスタッフの役目。言葉ではうまく話せない人もいるため、目や動作を見て、できる事を探ります。

動物をモチーフにオブジェをつくる人、美しい刺繍を仕上げる人…

集中が続く日もあれば、そうでない日もある。決して無理じいはせず、その人の興味をひき出したり、これまでとは違う事にチャレンジするよう、誘ったり。

「好きな事を見つける」って、誰にとっても幸せな瞬間だなア〜と思いました。

わりばしに毛糸を巻いてつくったオリジナルの筆

崇心さんちにも猫がいます。
沖縄のことばでムーチー＝餅というイミです。
♂むー
♀ちー

エコヂカラ! 第31回

新鮮野菜で人と人を結ぶ「えん」

南区の地下鉄桜通線「桜本町」駅近くの「肉のまるはち」駐車場での青空市。右が小長谷宏さん

「とーふー」というラッパの音や「ロバのパン屋はチンコロリ〜ン」など、昔は家の近くまでものを売りに来る移動販売が多くありました。

私が小学生くらいまでは、夕方になると豆腐屋さんのラッパがなったり、夜になるとラーメン屋さんの車が来たりしていましたが、最近は24時間営業、ネットで何でも手に入る時代。近所に店がなくても生活できる時代に、とれたて野菜を車に積んで青空市で売っている「やさいのえん」のお兄さんに出会いました!

その人は小長谷《おばせ》宏さん、31歳。主に知多半島でつくられる野菜や果物を毎朝仕入れては、月火水金曜に名古屋市内各所で販売しています。場所はオーガニックカフェの前やお寺の境内、お肉屋さんの駐車場など。

小長谷さんは大学時代、アジアの貧困問題に興味があり、NGOを立ち上げようと海外で経験を積みました。しかし、海外へ行くことで逆に足元である日本のことが気になりだし、「遠い

存在に思えていた日本の農業に携わりたい」「地元で小さな循環をつくることができないか……」と考え始めます。そんなとき、友人が「野菜の宅配をする会社がある」と教えてくれました。もともとは自家用でつくったものの、食べきれず余った野菜を預かって販売していた「やさい安心くらぶ」。その会社に就職し、経験を積んで2013年からは屋号を「やさいのえん」と変え、青空市を続けています。人と人、人と野菜が「円」のように循環し、その橋渡し役を続けていきたいと付けた名前だそうです。

農家の顔を見て仕入れる野菜たちは、一つひとつに生産者のフルネームがついています。おなじみのナスも、紫色のものから白いもの、大きなもの長いもの……。イチジクなら黒イチジク、白イチジク。他にもハーブやオクラの花など、多種多様です。

9割が無農薬、1割が減農薬の野菜は大きさもいろいろで、少し傷があったり、ふぞろいだったり。でも、あっちを向いたりこっちを向いたり、表情豊かに見えてきます。市場に出せないものも仕入れることで価格を抑えられ、オーガニックだから割高ということはありません。年配の人からは「昔、畑でとって食べた野菜の懐かしい味がする」という声もいただくそうです。青空市に集まるお客さんも「これはどうやって食べるの？」と質問が飛び交い、なんだかワイワイ楽しそう。野菜のほかにお米やたまご、自家製の漬物や味噌も並んでいます。

「命の根幹である食に携われていることが喜びです」と語る小長谷さんは、野菜をつくる人と買う人、両方の顔を見て野菜を運ぶ「縁」結びの役目を担っているともいえます。毎日、知多半島から名古屋まで野菜満載の車を運転するのが唯一の苦労かなーとのことでしたが、たくさんの人が新鮮野菜を待っています。私も愛用していますよ！

問い合わせは電話（080-5100-0534）またはメール（hiroshi.obase@gmail.com）で。

（2017年11月掲載）

私はバジルを購入。
バジルソースをたっぷりつくりました！

やさいのえんの場合

安心価格なのに… なんと!! お買いもの 500円ごとに10円の 割引券が もらえるんです。
そんなにサービスして大丈夫? と申しわけなくなりますが…
その券を 持って、また 買い物 に 行こうと 思うのもたしか。
小長谷さんの 笑顔も 見たくなりますしね〜!

青空市開催場所

月	15:00 〜 15:30 薬草labo、棘 (052) 880-7932	16:00 〜 16:30 ごはんとおやつとひとときと 070-5260-1719
火	10:00 〜 13:00 ガロンコーナー 滝の水店 (052) 891-1318	14:30 〜 16:00 Lala natural (052) 623-0660
水	10:00 〜 12:00 寶塔寺(ほうとうじ) 西区上名古屋2-3-3	13:00 〜 15:00 ひょうたん カフェ (052) 485-4535
金	10:30 〜 13:00 熟成牛肉 まるはち (052) 823-0881	野菜はいろいろ… 他にも みそや 漬物 が並んでいます ♡

取材こぼれ話

=3 =3 =3

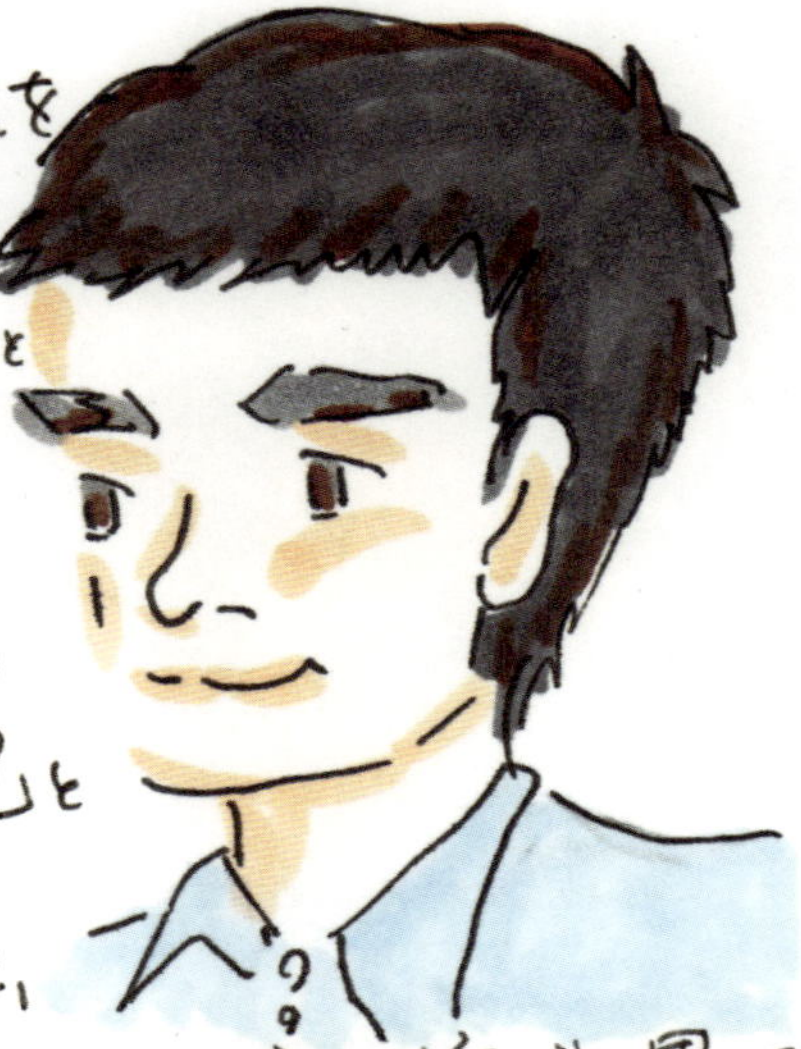

やさいのえんの小長谷さんを知ったのは、時々おひるごはんを頂きに行く"ごはんとおやつとひとときと"でした。かわいい野菜のイラストが入ったパンフレットがお店の棚に置いてあり、「なんだろう？」と思ったのがきっかけ。

店主のえりさんに尋ねると、「うちの野菜も仕入れてますし、お店の前で週に1回青空市をやってますヨ」とのこと。

そして、「オーガニックなのに良心的な価格で、本当にやっていけるのかナ、って心配になるくらい…」とも。

これは取材して、話をきいてみたいと思い、紹介してもらいました！

やさいのえんは勿論、人の縁もつながるのがこのエコヂカラ！の面白いところ。

毎朝とれたての野菜を生産者の畑へとりに行き車にのせて名古屋へ運ぶ小長谷さん。

野菜だけではなく、土まで、ちゃんと見ている人でした。

エコヂカラ！

第32回

〝新しい古着〟と出合う冬！

センスあふれる古着店「SOME」。左はオーナーの五藤和代さん

洋服好きで、クローゼットの中身は増えるばかりの私。それなのに、またすてきなお店を見つけてしまったのです！

中区千代田の鶴舞公園近くにある古着店「SOME（サム）」。写真投稿サイト「インスタグラム」のすてきな画像やオーナーの着こなしに魅了され、お店に伺いました。

古いビルの1階にある店内には、古着や帽子、アクセサリーがずらり。今の季節はハンガーに掛かる洋服を重ね着させたり、首元にはネックレスが合わせてあったりと、見ているだけでコーディネートの参考になります。オーナーの五藤和代さんは、もともとアパレルのお店に勤めていましたが、結婚・出産後に「移動古着屋」としてイベントなどに出店、2016年4月に実店舗をオープンさせました。

五藤さんの好みを熟知したアパレル時代の仲間がアメリカとドイツにいるため、専属バイヤーのように買い付けてもらえます。ご自身はお子さんもいて海外に行くことが難しいため、仕入れてほしい洋服のイメージ画像に「黒を5点、青のチェック柄を3点」といった具体的なコメントを添えてオーダーするそうです。

コンセプトは「ジェンダーレスでコーディネート」。

メンズ・レディースにこだわらず、パパとママが服をシェアしたり、家族みんなで楽しめたりする服を提案。五藤さんのこの日の服装も、メンズのオーバーのライナー（内側に重ねて着るもの）を、袖をめくって着用していて、だぼっとした形がとても似合っていました。古着には「前に着ていた人が大切にしていたものを引き継ぐ楽しみがあります。愛着がある服だからこそ、捨てられずに古着として『今、ここにある』のが魅力」だと五藤さんは語ります。

今は服が安く買えて、世の中に服があふれている時代。1着を大切に着ることが少なくなり、新品の魅力がなくなっているかもしれません。だからこそ、普段の服装の中に1点古着を入れることで、新品にはない風合いが出て、深みが増し、それが自分の個性になる……。ということで私もこの冬、SOMEで買ったファーの帽子にチャレンジしましたよ！

5月には300mほど南の団地の一角に「SOMEt（サミット）」という2店舗目がオープンしました。店舗を持たない作家たちが期間限定のお店を出すイベントスペースという位置づけ。従来はスペースの関係で並べられなかったものや、新しいものを提案する空間として、アクセサリーや花など、さまざまなショップが期間限定で開かれます。12月はSOMEがSOMEtに出店……って、少しややこしいですが（笑）、後者のほうがスペースが広いので、ゆっくり古着を見ることができます。店内もコンクリート打ち放しのおしゃれな空間ですよ。

古着との新しい出合い。あなたの新しい魅力を発見できるかも！ 営業時間は10:00～16:00 不定休。問い合わせは電話（080-3643-3600）、インスタグラムは「@shopsome510」で検索を。

（2017年12月掲載）

ナチュラルな雰囲気の1号店の店構え

古着屋SOMEの場合

今シーズンのトレンドはスウエットやトレーナーに、レースの付いたブラウスを重ねる重ね着ですね。私が、子育て中で、変則的に営業しているお店なんですが、お客さんが来て下さって、本当にありがたいです!!

オーナーの和代さん。

実はヨチカラ!プロデューサーと、小学校からの同級生という事が判明!

取材していると、意外と、身近な人とつながっていて、名古屋のサイズ感の良さを感じます。新しい業態"cafe"もopenしています!

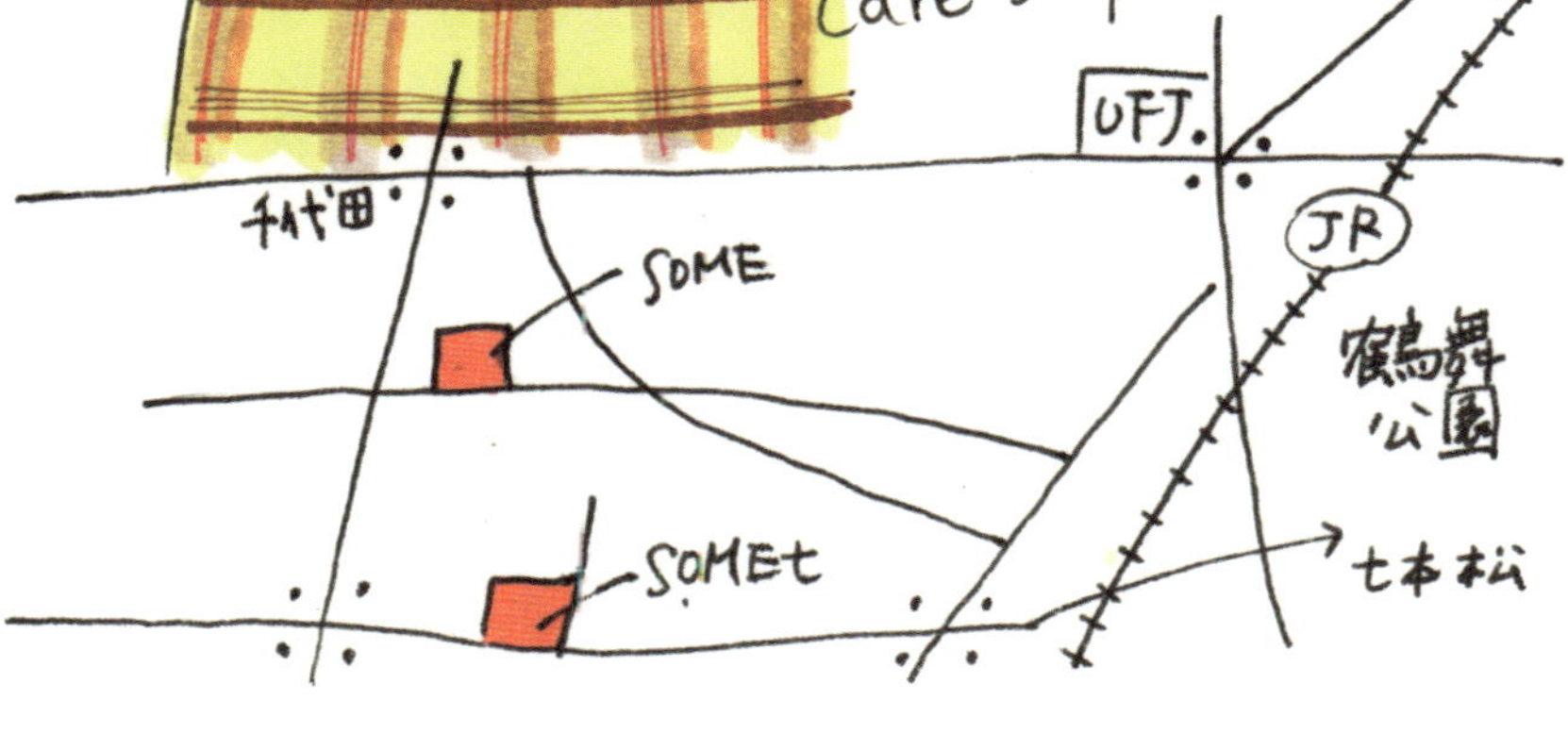

UFJ.
千代田
SOME
JR
鶴舞公園
SOMEt
七本松

取材こぼれ話

SOMEを知ったのは、写真投稿サイト
"インスタグラム"へ
UPされる洋服の
コーディネイトや、
さりげないお洒落の
アクセントに魅了されて

いつも画像を
楽しみにしていました。

ショップバッグの
リボンは、
古着を細く
カットしたもの。
かわいい装飾も
実はUSED、
リサイクルだったりします。
服だけじゃなく、
食器・花・おいしいもの
など、生活まわりの
ものがいろいろ
揃いますよ～。

エコヂカラ!

第33回

素材と「場」生かして作家を応援

「スタジオマノマノ」でさまざまなイベントを企画する外畑有満子さん

千種区の静かな住宅地に「スタジオマノマノ」というオルタナティブスペース（既存の形にとらわれない新しい場所）があります。

レトロなアパート1階の一室ですが、奥は通路でつながっている、ゆるい長屋のような場所。2011年5月にオープンし、右隣のデザイン事務所と左にある製本作家、紙のオブジェ作家、そしてプロデューサーの外畑有満子《ゆみこ》さんの4組がシェアしています。

企画者が好きなように場所を使い、自主運営するというスタイル。私が伺ったときには外畑さん企画の「本のにちよう市」が開催中でした。出品されていた本には「自分はいらないけれど、誰かが読んでくれたらうれしいな」といった持ち主の思いが書き込まれたしおりも。それらにグッときた私は2冊を家の本棚に迎え入れました。

このスタジオでは他にも、みそづくりのワークショップや製本講座もあれば、カレーを食べながらインド旅行の土産話を聞いたり、第5回でも紹介した「hacu」の靴下がならんだりします。そのたびに、さまざまな表情に変わる場です。

企画の6～7割を手掛ける外畑さんは以前、市内のあるギャラリーに勤めていました。あるときイラストレーターのペーター佐藤さんに、仕事を続けてこられた理由を聞くと、「これしかできなかったんだよね」との答えが。「ミスド」のパッケージイラストなどで知られる第一線の作家がさらりと言ったその言葉が胸に刺さり、外畑さんは「私もものづくりがしたい」と独学でかばんをつくり始めました。自身も作家として活動するうちに、収入面などで厳しいながらも、好きなものづくりを続ける作家を応援したいと考え始め、マノマノの企画を立ち上げることに。

昨年の「素材のにちよう市」に並べられた色とりどりの毛糸など

ものづくりをしていると、これも使える、いつか使えると、素材をため込みがち。いつの間にかアトリエがものであふれかえってしまいます。「素材を眠らせておくのはかわいそう。欲しい方に生かしてもらい、アトリエもきれいになれば」と始めたのが新年恒例の「素材のにちよう市」。外畑さんならではの作家目線、素材目線のイベントです。

布、糸、革、ボタン、ビーズ、ガラス、古いもの……。それぞれに新しい活躍の場を与えてくれる、小さなバトンタッチとなる場。「必要のないものを、必要とする人へ」。マノマノの輪に、あなたも手をつないでみませんか？

地下鉄東山線「千種」駅、または「今池」駅から徒歩約7分。問い合わせは電話（052-718-6366）で。

（2018年1月掲載）

スタジオマノマノの場合
ぼく、マノマノのキャラクター クマーノです
マノマノはいろ〜んな事をやっている場所。好きなことを見つけて出掛けて下さいね
ハンカチ＆てぬぐい展や、
ボタン好きのためのボタン展
タネヲマク おみやげカレー
くつしたの nacu展.
千種St.
公園
本屋
広小路通
高牟神社
ココ
コンビニ
JR

取材こぼれ話

本のにちよう市
『本の新しい持ち主探します』
素材のにちよう市
『必要のないものを必要とする人へ』
まず、キャッチフレーズとなる言葉が頭にうかんでくるんです! そこからどんなイベントにしていくか考えるんですよ。

と、話してくれた、企画者、外畑有満子さん。
……めっちゃ可愛い!!! マノマノの企画にうかがうたび、
お洒落な方なんだろうとは予想していましたが、実際
お会いして、キュートさにびっくり!
年令をきいて、さらにびっくり!!!
ヒミツですけど〜(笑) もう!これは奇跡の00代です!
元カバン作家さんだった人脈のつながりで企画が生まれてるんですネ.

エコヂカラ！
第34回

自然素材で癒やしのキャンドルづくり

自然素材を使ったキャンドルづくり。教室は和気あいあいの雰囲気

部屋にこもりがちな冬。おうちの中でゆっくりと楽しめる「キャンドル」を手づくりする講座に参加してきました。

かわいい作品を教えてくださったのは、「FRISÖR（フリジュール）」の福島美穂さん（アートキャンドル協会認定アーティスト）。子どもが3人いるとは思えないかれんな方です。

福島さんとキャンドルとの出合いは11年前。就職試験で訪れた東京の街角にディスプレーされていたキャンドルを見かけたことでした。パステルカラーで立体的で、お花や動物が遊んでいるようなかわいいキャンドルに心奪われた福島さん。すぐに作家のもとへ通い、習い始めました。

仕事漬けの毎日で、仕事以外に何をして過ごせばいいのかわからなかった時期。そんなとき、キャンドル教室がほっとできる瞬間に。今も本業は他にあるそうですが、忙しい毎日の中でキャンドルに触れるひとときが何よりもリラックスできるということで、個展を開催したり、教室を開いたりしています。

一口にキャンドルといっても、原料はさまざま。一番出回っているのは石油系のパラフィンワックスです。硬くて持ちがいいので多用されていますが、火をつけて燃やすと独特な香りも。それに対して福島さんは、火を灯して燃えていくところになるべく自然素材を使うようにしています。この日体験したキャンドルも、縦長のところは硬さが必要なのでパラフィンワックスですが、ヒツジや花やリボンは蜜蝋《みつろう》でできていました。

　少し黄色がかった蜜蝋は、名前の通りミツバチが巣をつくるときに分泌したもの。化粧品などにも使われていて、高い保湿効果や抗菌作用が。キャンドルに火を灯すと、香りはほんのり甘く、煙たくありません。食事のじゃまにならないし、逆に空気を浄化する作用もあるそうです。

　大豆ワックスからできるソイキャンドルも、クリーム色の優しい風合いで、蜜蝋と同じように使えます。私も溶かしたキャンドルをくるくると巻いたり、うすーく伸ばしたものを手のひらの温かさでゆっくりと形づくっていったり。自分の手からどんどん形が生まれていく楽しさとともに、自分の気に入ったアロマオイルを入れることで、いろんな香りも楽しめました。

　今は何でもSNSで知ることのできる（知ったような気分になる）時代。「だからこそ直接、顔を合わせておしゃべりしながら人とつながってほしい」と福島さん。確かに、他の参加者の方とおしゃべりしながらつくっていると、まだ火をつけていないのに充分リラックスできます。つくる楽しみ、火を灯して眺める楽しみ、そしてインテリアとしての楽しみ。家の中にほんのりとある、そんな優しいキャンドルの魅力をカラダいっぱいに感じました。

（2018年2月掲載）

福島美穂さん（左）の指導でこんなにかわいいキャンドルができました！

キャンドルFRISÖRの場合

福島さんにとってキャンドルは、自分の時間を楽しめる大切なもの。だからSNS映えする.キャンドルをそれこそSNSでPRしたり、売って儲ける気が全くありません!!
つくり方を教える教室を開き、そこに集まった初対面の人々がおしゃべりして、新しい関係が生まれたり、出会いがある。
キャンドルをPRしたり、売ったりしなくても、同じ時間をすごすひとときが楽しくて、人と人がつながる事が嬉しいんです!と、話してくれました。
旦那さまの仕事の関係で関東へ引越しされてしまう為、定期的に教室を開くことはできなくなりますが、環境の変化も、「海の近くに住むことができるから楽しみ!」と前向きにとらえている、その姿勢にとても刺激を受けました!

取材こぼれ話

「ネットやSNS、苦手なんです」と
言う福島さんですが、作り出す
キャンドルはSNS映えするものです!
固く仕上がるパラフィンワックスは
かたまったら形を変えられない分
持ちがいい。
柔らかい蜜蝋は、手のあたたかみ、
体温でもゆっくりゆっくり動かせば
形をつくれます。

この時作ったアネモネの花は、
お花の形に切りとった
蜜蝋を、指で丸めて
立体的にしました。
そうすると…花びらが1枚ずつ、ふんわりと
立ち上がってくるので、さらにギャザーを
寄せて、本物に近付けます。

リボンも、大きいものから小さいものまで
様々なサイズが作れます。
柔らかさを生かして、エアリー感を
出すことも可能なんです♥

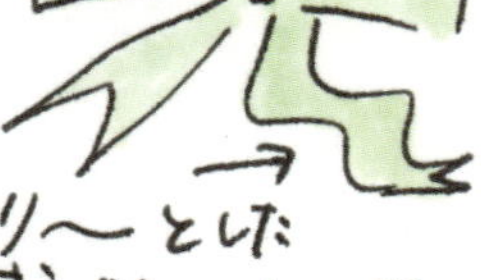

ヒラリ〜とした
感じも出せます。

エコヂカラ!
第35回

大須のキモノはホンモノのよさ

「今日実」オーナーの娘さんたち。まさに「カワイイに素直」

エコのイベントで毎回着物を着ています。母や祖母の着物を着るリユースの意味に加え、少々増量しても着られる着物の幅の広さ(笑)。植物や動物の柄もかわいらしく、コーディネートを考えるのも楽しいんです。

祖母が和装仕立てを生業としていたため、身近に見ていた着物。しかし、自分で着付けられるわけもなく、高いハードルが立ちはだかっていました。そんな私のハードルをなぎ倒してくれたのが大須の着物屋「今日実《きょうみ》」でした。

もとはテレビ番組などのスタイリストとして活躍していたオーナーの今日実さん。洋服を借りては着せる毎日。でも、洋服って流行があるせいで画一的でオリジナリティーがない……と、感じていました。今ならみんながガウチョって感じです。

　そんなとき、大須の町でふらっと入った着物屋。同じ形なのに、柄が無限でカラフル。「着物って面白い！」と感銘を受け、すぐに着付けを習いにいったそうです。さまざまな柄と色を組み合わせ、自由にコーディネートできるのが着物のよさ。今日実さんのスタイリングは「カワイイに素直」がテーマ。単に着物の組み合わせがユニークなだけでなく、はかまにレースを合わせたり、帽子やセーターを入れたり、ときには頭にオウムを乗せたり！

　個性的な一方で、今日実は日本製にこだわっています。２００３年にお店を始めてから13年の間には、取り引きしていた職人さんが廃業して商品がつくれなくなってしまったことが何度もありました。口コミで業者を探し、浴衣・半襟・帯揚げ・履物をオリジナルでつくっています。

オーナーの今日実さん（右）と。
私の頭にはオウムが２羽のってます！

　今、浴衣は量販店でもセットでとても安く簡単に手に入ります。しかし、簡単に手にできても、根本がなってないものに出合ってしまった人は、次に手に取ることがなくなってしまう。買わない→職人が廃業→いいものがない→文化がなくなる……という悪循環に。だからこそ、初めて出合うものはよいものを、との思いで商品づくりをしています。

　和服というと、草履の鼻緒が痛そうという苦手意識がありませんか？　私も草履は大嫌いだったんですが、今日実の草履を履いたらガラリとイメージが変わりました。デザインがかわいいのはもちろんですが、台がゆりかご型できちんと足のカーブにあっているので、まったく痛くない。大げさじゃなく、走れる草履なんです。価格も１万円台からと良心的です。

　よいものに出合うと、次もまたという気持ちになり、それが未来につながる。地場産業の継続にもつながっているんですね。アンティーク着物をポップに提案する今日実さんは、「本物にふれてほしい」と熱く語ってくれました。

　地下鉄「上前津」駅10番出口すぐ、チサンマンション上前津7階。不定休なので、電話（052-242-3478）をしてからが安心です。

（２０１６年11月掲載）

エコヂカラ!

第36回

「丁寧なくらし」映す場所

「おかしばこ」で写真撮影する家族。ひなまつりにも最適!

140ページで紹介したアンティーク着物の「今日実」。その今日実さんが新しい「場所」をオープンさせました。お店ではなく、場所。中区・橘にできた、その名も「おかしばこ」です!

「貸す場所」から付けた名前。実は私が体験したキャンドル教室の会場となったのがこちら。他にも着付けや書道、茶道、季節のしつらえについての教室を開いたり、写真スタジオとして使用したりもできます。このあたりは古い家並みが残っていて、近くに東別院や日置神社などがあるため、着物を着てロケに出ることも多いそうです。

今日実さんがアンティーク着物の販売やレンタル以外に、この場所をつくろうと思ったのにはわけがあります。

実は、若くして母親を亡くされているため、季節の行事やマナー、しつらえを身近に教えてくれる人がいませんでした。もし母親が健在でも、親自身が若く、ならわしを伝えられていない人も少なくありません。このままでは日本人として何も知らない人間になってしまう……。そんな危機感を持っているのは自分ひとりでないことを知り、気軽に習える場所をつくろうと思い立ったのです。

今、「丁寧なくらし」が流行語のように多用されますが、今日実さんが考えるそれは、高価でよいものを取り入れることではありません。「普段の生活の中で何気なく過ぎていく行事の意味を考えたり、文字を書くとき、一文字に時間をかけて丁寧に書いてみたり。仕事や家事で忙しすぎて『やっつけ』になってしまっているのを丁寧にやり直すこと」だと話してくれました。

撮影スタジオとして使う場合は、プロのカメラマンを依頼することもできます。でも、今は自分たちでスマホを使って気軽に撮影、アプリで加工してプロ顔負けの写真集をつくる人も。実は、よい表情って家族が一番上手に撮れたりするんですよね。家族水入らずのリラックスした状態でふとした表情を捉えたり、スマホに慣れているイマドキの子どものほうが上手に撮ったり。家族しか知らないリラックスした顔を写真に残せたら……。そんな時間をおかしばこで過ごしてほしいと、今日実さんの夢は広がります。

気さくなオーナーの今日実さん（右）

おかしばこの中は、夫のハビエルさん（ペルー人）と手づくりしたかわいい空間です。南からの明るい光に包まれた部屋。庭での撮影もOK。もちろん、本物の着物のよさを知ってほしいから、着付けもしていますよ。

基本使用料は1グループで1時間3000円、2時間5000円（着物レンタル、カメラマン依頼、周辺でのロケ撮影などは別料金）。市営地下鉄「上前津」駅6番出口から南へ徒歩6分、橘小学校の隣。問い合わせは電話（052-242-3478）で。

（2018年3月掲載）

おかしばこの場合

今日実 おもしろ ネーミング特集

サンダルがわりに はける！

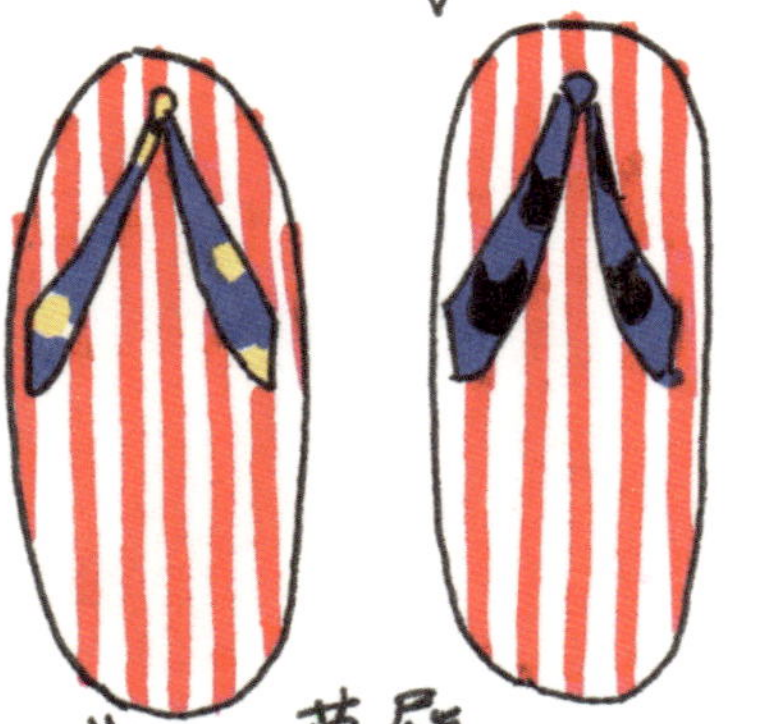

えりとりえ
実用新案を取った
裏表使える 半衿

デラカル 草履
ビーサンより はきやすく軽い
でら軽い草履です。

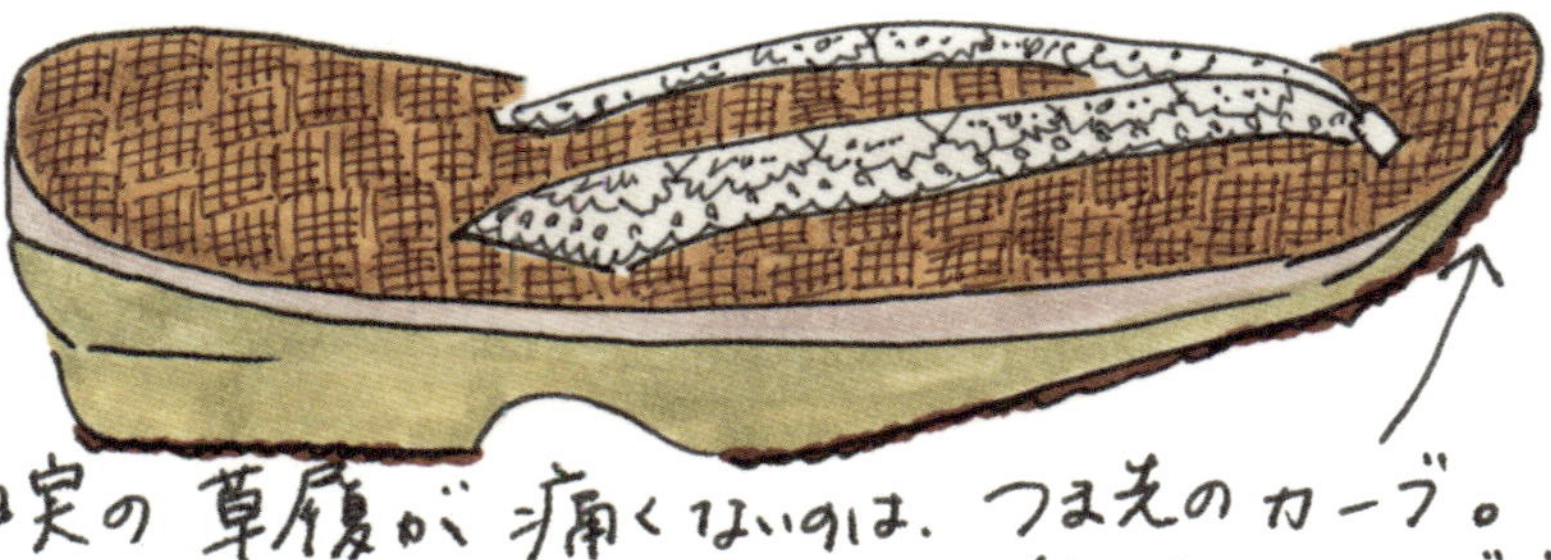

今日実の 草履が 痛くないのは、つま先のカーブ。
やや上に向かって、カーブを付けた母型のおかげで
体重がつま先にかかることなく、鼻緒が指に
食いこまないので、快適なんです。走れる草履です。

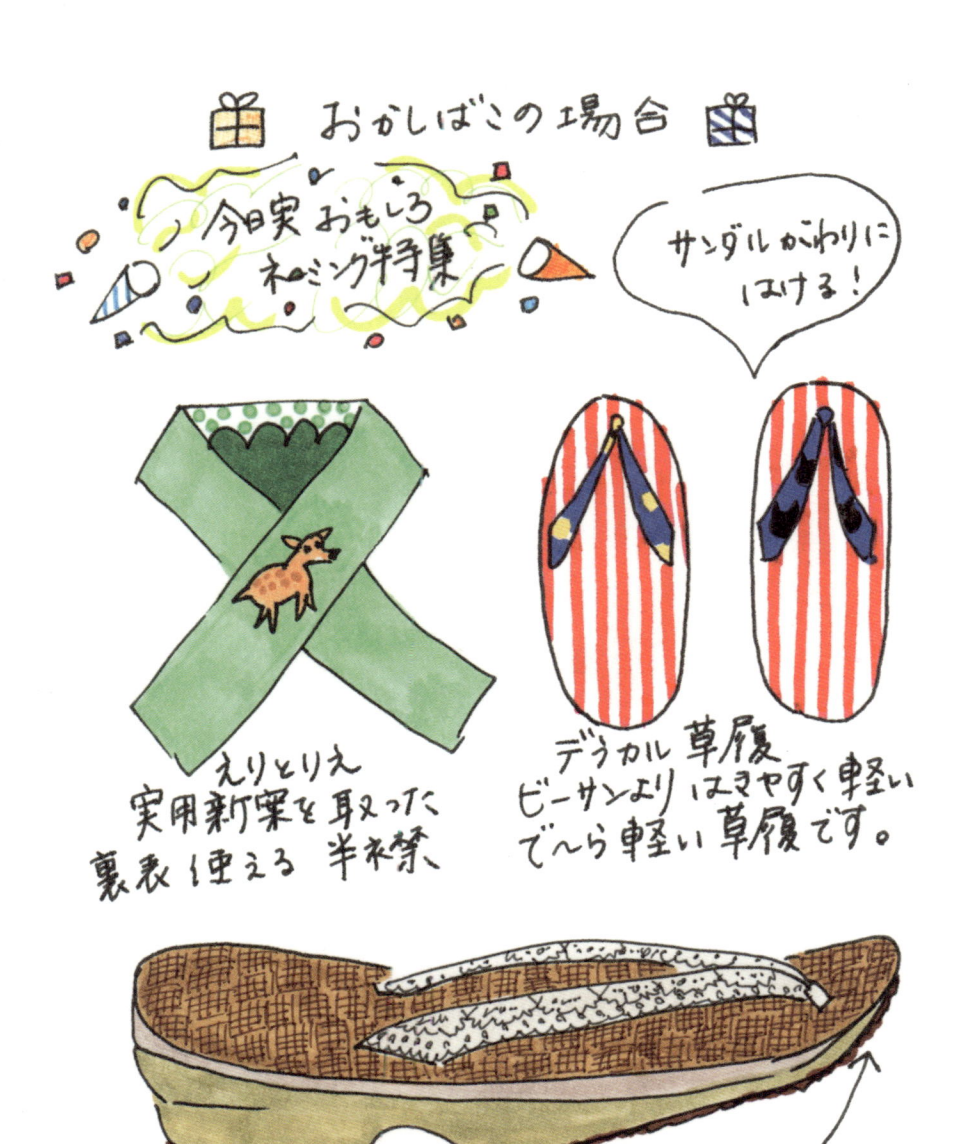

取材こぼれ話

お菓子ではありません！（笑）

お貸しする箱（場所）で、おかしばこ。このネーミングの妙も、今日実らしさの一端です！

今日実ちゃんとは、もう15年以上のお付き合いになります。

私は祖母が着物の仕立てをしていた事もあり、元々興味はありました。しかし、着付の問題や様々なハードルがあり、「むずかしそう」という印象でした。

祖母の元で育った、本家のいとこが、先んじて、着物に親しんでいた為、「着たいな〜」と相談したところ、教えてくれたのが、大須の今日実。

それまで、正絹の振袖や訪問着しか知らなかったのですが、銘仙、アンティーク、又、ポリエステルのものまであると知り、成人式で着る以外の普段着の楽しみを知りました。

今日実では、卒業式や結婚式などの、晴れの日の着物も、もちろん手がけています。
人とはちがう、自分だけの装いにしてくれますヨ！

エコヂカラ！

第37回

「ひとり出版社」の花咲く熱意

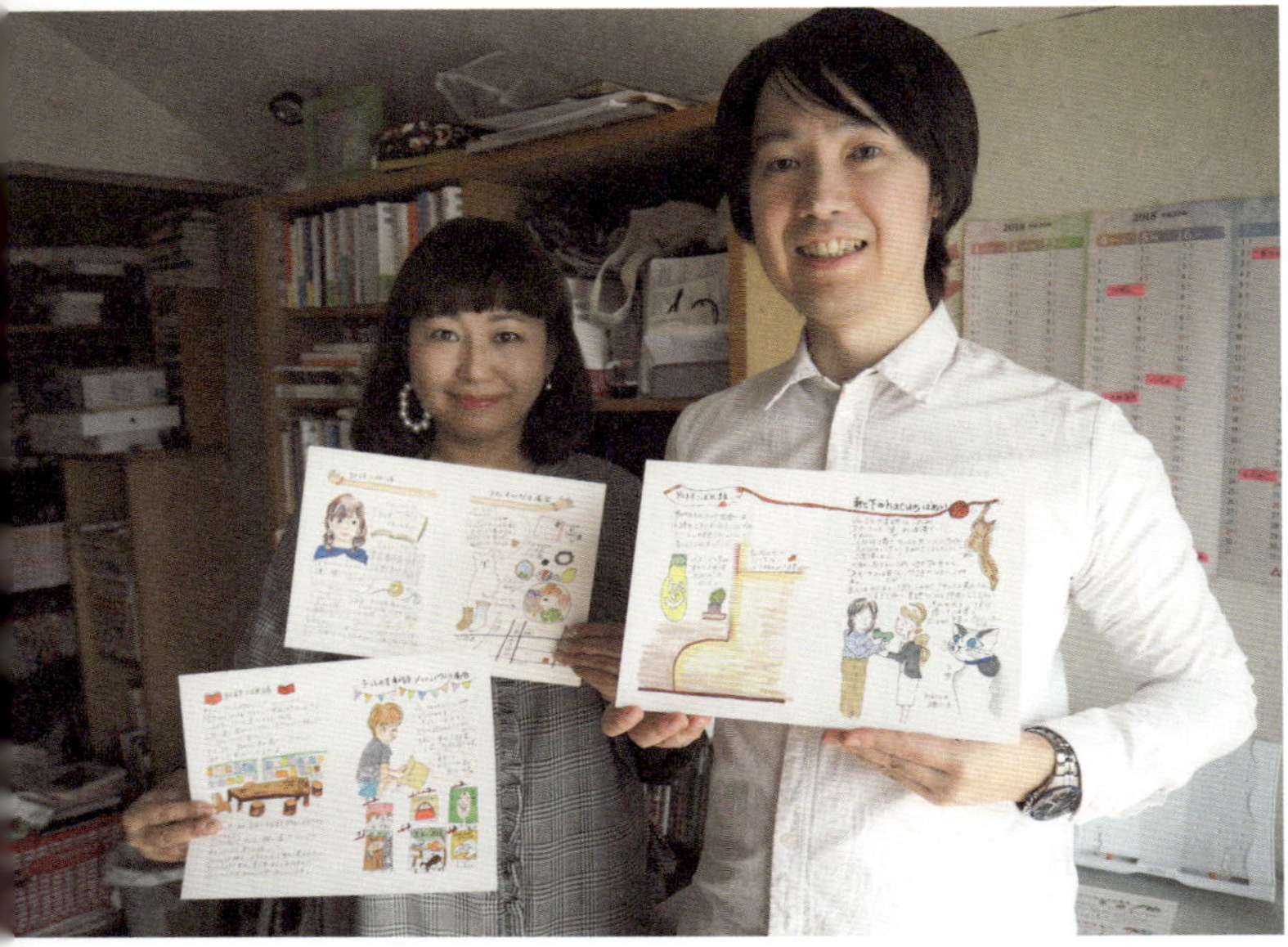

「桜山社」の代表、江草三四朗さん（右）。手にしているのはこの本の原稿！

瑞穂区の地下鉄桜山駅近くに「桜山《さくらやま》社《しゃ》」という名前の出版社があります。区内を流れる山崎川の桜をイメージしたロゴマーク。書店で見かけた方は、地域や自然へのやさしい思いを感じられるはずです。そんな丁寧な本づくりをする出版社で働いているのは、実はひとり！　代表の江草三四朗さんだけなのです。

1978年生まれの江草さんは、大学時代に新聞社やテレビ局でアルバイトを経験。マスコミ志望となり、月刊『KELLY』でおなじみの出版社「ゲイン」に入社しました。しかし、いったん地元の外を見てみたいと東京の「リクルート」に転職。さらに神奈川県の地域新聞社で記者として経験を積み、

２０１５年に名古屋へ戻ってきました。本が好きで、リクルート時代にも２冊の本を出版したため、出版社を自分でつくりたいと思い立ちます。もちろん周りは大反対！　会社は立ち上げたものの、１年間は出版業界の先輩について仕事の流れを学びました。

今、本って皆さんどうやって買いますか？　ネット書店も便利ですが、現実の書店で表紙を見て出合うのもすてきですよね。でも、その書店と出版社の間には取次会社が入っていて、新刊なら「この書店は何冊くらい売れそう」と、ある程度の数が大手の取次会社から送られてきます。売れ残った本の返本など、取次が入るメリットは大きいのですが、書店が自らこれを売ろうと本に愛情をかけることは難しくなっています。ここに疑問を持った江草さん。書店や読者から直接注文を受ける「直販」にこだわり、読みたい本、手元に置いておきたいと思ってもらえる本を丁寧につくると決めました（地元の取次会社とは取引しています）。モットーは「今を自分らしく全力で生きている人の思いを大切にします」。

そんな桜山社には、主にファクスや電話で注文が入ります。「近くに書店がない」という理由の他に、「大型書店の上階に登るのが面倒」とか「マンション住まいで外出がおっくう」などイマドキな理由も。しかし、なにより「この本が読みたい！」という電話が多いそうですから、その熱意がうかがえます。

山崎川の桜をイメージしたロゴマーク

著者との交渉から予算管理、編集、印刷、チラシづくり、注文を取るところまで、すべて江草さん一人でこなします。アルバイト時代にお世話になったというＣＢＣアナウンサー、小堀勝啓さんの本を皮切りに毎年１、２冊を出版。２０１８年４月には地元の画家、河野ルルさんのエッセイ『絵を描くことに恋をして』が発刊されました。

そしてなんと！　秋には私の本が出る予定です!!　本連載のコラムを基に、私の手描きのイラストを入れて、手づくり感満載の本になる予定。「手渡すようにつくっていきたい」という江草さんの思いにこたえ、この連載を支えてくださったＲｉｓａ読者の皆さんのためにも、いい本をつくりたいと思います。お楽しみに！

（２０１８年４月掲載）

桜山社のばあい

カレンダーにスケジュールぎっしり！

お父様が伝統芸能を映像で残す仕事をされていて、自宅が会社になっているので、家の中でのものづくりが、身近な環境だったからでしょうか？

江草さんの仕事は手づくりと人とのつながりが前面に出ています。

「この人の本を出したい」と思った人の元へ行き、交渉。そしてだいたいは遅れ気味になる（であろう）原稿をやさしい笑顔で催促し、お尻をたたきつつ中身を揃える。同時進行で印刷屋さん、デザイナーさんと紙やレイアウトを決め、予算管理し、発売までのスケジュールを組む。出版しますヨ〜という告知もしなければなりません。

本が出たら終わりではなく、そこからがスタート。

書店からくる注文に対して発送し、桜山社の特徴でもある、個人からのオーダーにこたえて1冊ずつ発送する作業もすべて1人で行っているのです。

書く人・読む人・作る人の距離が近い。そこが、すてきだと思うのです。

取材こぼれ話

ある日、東海ラジオに訪ねてきた友人、江草くん。
「名古屋に戻って来ました。」「出版社を始めるんです。」
「それで・・・・・」「深谷さん！本を出しませんか？」
え――――!!
ええ
今日のラジオで話した事も忘れてしまうくらいの私が
本ですか？無理です。書く程の人生経験ないし…
と、とにかくびっくり！最初は断わりました。
でも、江草くんは、その後、折にふれ連絡をくれ、
桜山社から本を出すたび届けてくれました。
「名古屋を代表する小堀さんや
吉村さんの本は分かる。
私も読みたい。でも
私が出すなんて」と
尻ごみする私に、「自分で取材
して、生の声を集めているなら
できますよ！」と、勇気
付けてくれ、背中を押して
くれました。
桜山社は江草家の
中にあります。自室で
バランスボールの上で仕事しています。

エコヂカラ！
第38回

自然なあなたにハットする!?

「A-Na」のアトリエで丁寧に帽子づくりをする中島あずささん

日差しが強くなってくるこの季節の相棒、帽子。子どものころは無邪気に麦わら帽子をかぶっていても、大人になって「自分は似合わないし……」と敬遠している人も多いのでは？　日焼け対策という実用以外にも、シンプルな服装に帽子ひとつ合わせるだけで格段にスタイルアップするので、私は重宝しています。そして夏も冬もお世話になっているのが「A-Na（アーナ）」の帽子。中島あずささんという女性が京都のアトリエで一人でつくっているんです！

もとは「帽子が似合わない」と思っていた中島さん。東京の文化服装学院スタイリスト科在学中に「自分でつくってみたら似合うかも！」と帽子の授業を選択。もちろん洋服もつくっていましたが、洋服はつくる段階から形の予想がつき、着て動くとそのものの形が変化します。でも、帽子は単体でかぶるため、形も変わらず、頭の上なのでかなり目立ちます。「こんなに思い通りにならないんだ……」という苦手意識が逆に中島さんの心に火をつけました。卒業後は帽子工房で修行を積み、２００４年に京都の実家の１階にアトリエを構えて帽子作家の道に入りました。

帽子づくりは「帽体《ぼうたい》」と呼ばれる、ゆるく編まれた帽子の基を仕入れるところからスタート。パナマ、エクアドル、台湾などさまざまな国から集まる帽体は、茶色いものが植物の外側の皮、白いものは中間部をとったもので、特性が異なります。おなじみの麦やラフィア、ココヤシの中心部の繊維であるバオ、ヒノキなどからできているものも。

最初はゆるく編んであるので、これを木型に当てて、のりをつけて形をつくります。植物原料のものはアイロンなどの熱は加えず、のりで湿らせて、ゆっくりと型に合わせて乾燥。編み目をそろえるように手で合わせていくと、美しい形ができてくるそうです。その後、リボンを巻いたり縁をかがったりして出来上がり！　中島さんのつくる帽子は基本、夏も冬もこの手順で、一つ一つがすべて手作業です。

今は植物を早く成長させ、収益を上げるために成長剤を使用している素材が多く、昔に比べると厚みがなく、弱い素材が増えています。中島さんはそこを逆手にとり、薄い素材を２枚重ねて表情を出すなどの手法を試しています。昔なら編み目が細かくて、重ねたら加工できなかったものが、今はできる。変化にめげず、できる中から新しいものを生み出すアイデアです。

私のお友達、名古屋出身の俳優「かんべちゃん」こと
神戸浩さんも愛用！ かんべちゃんの帽子はカシミア、
私のエコファーのターバンも A-Na の作品です

帽子というとドレスアップする印象がありますが、種類やサイズは豊富で、中島さんの元には「帽子を買って手持ちの洋服が生き返った」という声も届くそうです。懐かしさと同時に、ファッションシーンにも寄り添い、その人らしさを引き立てられる帽子づくり。「似合わない」と思っているあなたもぜひ、頭にのせてみてくださいね。

アーナの帽子は全国のセレクトショップなどで取り扱い。TEL 075-751-7899（京都のアトリエ）
メール a-nahatstudio@a-nahat.com

（２０１８年５月掲載）

帽子作家A-Naのばあい

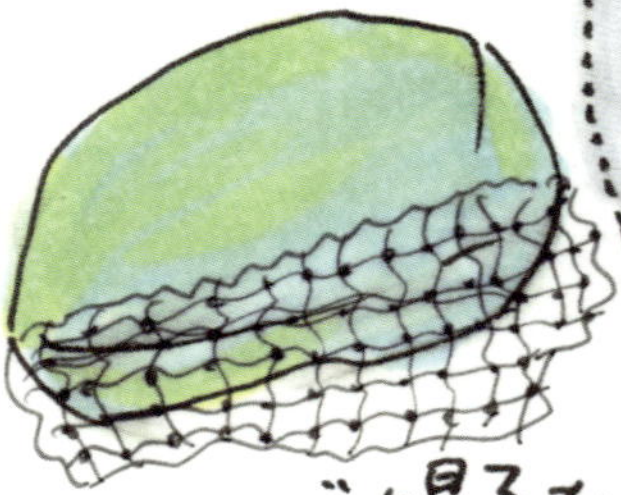
チュールのかかったエレガントな帽子

モヘアシャギーのずきんのようなもの

やわらかなラフィア高さがあるもの

A-Naで帽子を買うと、ゴムをつけてもらえます。

子どもの頃のようにアゴにかけてみたら…

キツイ？？ 実は頭の後ろへ回して髪の下に入れる吹きとび防止のゴムでした。

以前に購入した帽子はお手入れ、お直しもしてくれます。

麦やラフィアのものは年月と共に色が濃く日焼けしていて、いい味になっています。

「良い色に育ちましたね」と言われるのも嬉しいのです。

取材こぼれ話

帽子、というと、イギリス王室などフォーマルな装いを思いうかべてしまいますが、周りを見回してみると、小学一年生はおそろいの黄色い帽子をかぶっていたり、身近にあるもの。でも、苦手意識のある方が多いんですね〜。

A-Nの中島さんは、自身が帽子はにあわないと思っていただけに「かぶって初めて完成する帽子」への思い入れは強い！服は動きに合わせて形を変えますが 帽子はそのまま なので ごまかしがきかない。アトリエで色々試してみると、サイズがSかMかのちがいだけで顔が小さく見えたり、印象が大きく変わります。

ななめにずらしたり、下にスカーフを巻いてみたり…帽子のたのしみは奥が深いのです。

ピッタリ
かぶりやすい

少し大きめの方が小顔にみえるかも？

江南市の「靴下の hacu」で開かれたダーニング教室。中央が講師の Taro さん

エコヂカラ！

第39回

かわいく直す「ダーニング」が面白い！

突然ですが我が家の息子も2年生、最近よくズボンの膝に穴が開いています。そこで、ちょっとした穴をかわいらしく補修する「ダーニング」を習ってきました！

ダーニング（darning）とは英語で「かがる、繕う」という意味。欧米で古くから伝わる修復方法です。普通、服の修繕は直した部分が見えないことを重視しますが、最近注目のダーニングは「装飾ダーニング」とも呼ばれ、繕った部分をあえて目立たせ、楽しもうというのがコンセプトです。私が参加したのは第5回で紹介した江南市の「靴下のhacu（はく）」（TEL 0587-55-5075）で開かれた講座。補修するものは靴下以外でも大丈夫（笑）。皆さん、引っ掛けてしまったストールや虫食いのセーターなどを持ち寄っていました。

　先生役は女性ですが「Taro」と名乗る岐阜県の作家さん。もともとアパレルで洋服をつくっていたTaroさんは、安い服を買ってすぐに捨てる最近の風潮になじめず、もっと洋服を大事にしたいと思っていたときにダーニングと出合いました。見よう見まねで習得していくうちに「ダーニングは誰でも簡単にできて自分にぴったり。一人でも多くの人に広めたい」と熱い思いに駆られ、自ら教室を開催するように。現在は愛知県内の文化センターや雑貨カフェなどでも教室を開いています。男子2人のお母さんでもあって、ダーニングを知ったおかげで「1シーズン長く服が使える！」とも強調していました。

　衣類に穴が開くと、裏側から布をつまんで縫ったり、あて布をしたりと補修の方法はいろいろありますよね。でも、ダーニングに必要なのは針と糸だけ。それも刺しゅう針やクロスステッチ用の先が丸い針なので、刺さる心配も少ないです。補修する布は穴の形状がわかるよう、「ダーニングマッシュルーム」と呼ばれるドアノブのような木型にかぶせ、ゴムでとめます。写真の木型はTaroさんオリジナルですが、電球や「ガチャガチャ」のカプセルでも代用できるそうです。

　そして、まず一気に縦糸をさし、次に横糸をさします。横糸は先に縫った縦糸を一本ずつ、すくうようにして縫っていくので、小さな織物ができていく感じ。縦と横で糸の色を変えても面白いし、太い毛糸で縫えばカラフルカジュアルに、サテンやラメの糸で縫うとゴージャスになります。

　「穴をふさぐ」って、本当は目立たせたくないのに、あえて目立つよう鮮やかな色を選んでしまうのも面白いところ。今回の参加者は全員、ダーニング初体験だったのですが、一同「これは……はまりそう〜」。短時間で完成するのに〝達成感〟があるのも楽しさの理由です。

　私の家にも捨てられない服やストールがありますが、ダーニングでまた生かせる、捨てなくてもよさそう！　とワクワクしちゃいました。見よう見まねでもすぐにできちゃうダーニング、ぜひやってみてください。Taroさんの情報はインスタグラム「taro_nuinui」で。

（2018年6月掲載）

鮮やかな色の糸で穴をふさぎながら、
かわいく目立たせる。逆転の発想！

ダーニングの場合

この修復法の良い所は つくろった所が デコボコしない点。ほぼ平面に仕上がるので くつ下のかかとなどの大きな穴や、ふむ部分も直せるのです。

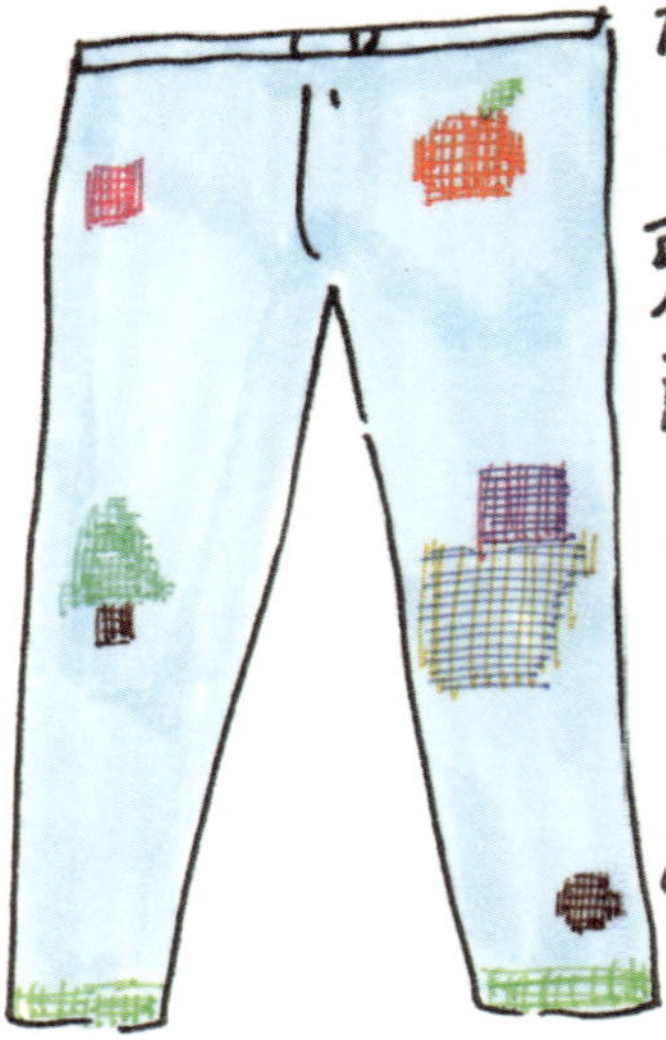

強者になると、デニムズボンに沢山あいた穴を 色とりどりの糸で直して 柄のようにしてる人もいるそうです！
慣れてくると、星や木の形にぬって、刺繍のように仕上げることも！

この方法は、ぬいものに慣れていなくても、それが手作りの"味"として仕上がるので、それはそれで、様になります。

最近は、「愛らしいお直し」などの本も出ていて ダーニングが身近なものになりつつあります。

目立つ色で刺すと、老眼でも色が分かるから良い、という意見も。

そんな利点もあるみたいですョ。

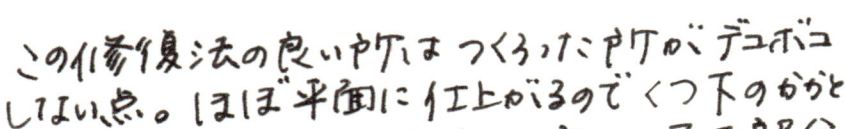

取材こぼれ話

いつもエコに関する耳より情報を教えてくれる、くつ下のhacuさんに誘われて、ダーニング教室に参加してきました。
会場は江南のくつ下のhacu実店舗。木でできたダーニング← マッシュルームという台に、くつ下やセーターの穴のあいた部分を合わせて、ゴムで止めます。

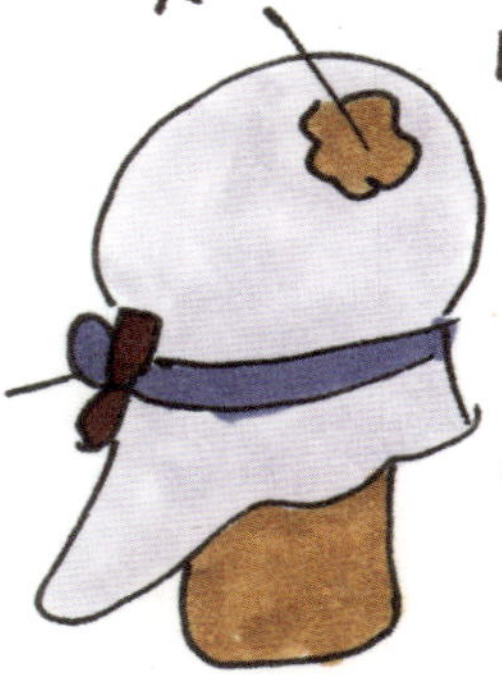

程良く布が伸びて穴が広がるので そこを糸でふさぐイメージでぬいます。穴の大きさの小さな織り物をおるかんじ。

縦から一気に刺して、次は縦糸を1本ずつすくうように上下にくぐらせて横糸を入れます。絵ではすき間を描いていますが、

実際にはぴっちりとつめてぬうとキレイに仕上がります。

エコヂカラ!

第40回

地域の歴史と環境知る頼もしい先輩！

もうすぐ夏休み。旅行の計画を立てている方も多いと思います。

家族や仲間だけで楽しむのもいいでしょうが、私は行く先で「ボランティアガイドさん」をお願いして、より「詳しく知る」旅にしています。

これまでも八ヶ岳登山や金沢の兼六園、鳴門の渦潮などでガイドを依頼。もちろん東海地方にも多くのガイドさんがいますが……。

ボランティアガイドとして天王祭などの解説をする加賀淳子さん

実は東海ラジオの先輩で「津島おもてなしコンシェルジュ」として活躍する女性がいたのです。

それが今回ご紹介する加賀淳子さん。加賀さんは稲沢市出身で、結婚を機に津島へ。東海ラジオでは総務畑でフルタイムの仕事を続けました。

でも、気付いたら「職場に向かうため駅までの道を行き帰りするだけで、津島について深く知らないまま25年を過ごしてしまった」と反省。

さらに放送局で仕事をしているのに声が小さくて「え?」と人から聞き直されるのが嫌で会社の外にあるアナウンス入門講座に7年前から通い始めました。その中でレポート練習があり、津島のことを題材にしたら大好評！

　そうするうちに、市のシティプロモーション課が「津島おもてなしコンシェルジュ」育成講座を始めるとのことで参加。祭りや町歩きの企画で、多くの人に津島の魅力を伝えることになったんです。現在は副代表まで務めています。

　津島市は夏の天王祭を筆頭に、春は藤まつりなど様々な祭りがあります。

　天王祭は2年前、ユネスコの無形文化遺産に登録され海外からの注目も集めています。この祭りが始まったのは今から600年前の室町時代。津島神社にまつられる荒ぶる神、牛頭天王を喜ばせて、疫病を鎮めてもらおうと始まりました。川面に映るちょうちんの明かりが勇壮な宵祭。

加賀さんは私と一緒にラジオにも出演しました

真ん中に1本立つ真柱には月を表す12個のちょうちんが、半円形に見えるまきわらには日を表して365個のちょうちんが付けられ、1時間半かけて明かりを灯していきます。すべてろうそくなので、最初に火をつけたちょうちんから最後のものまで、消え終わりが同じ時間になるよう、ろうそくの太さが違うそうです。

　昔は何千本ものろうそくは大変高価でした。でも、港町の津島は江戸時代に「信長の台所」とも呼ばれ、隣の勝幡《しょばた》城で生まれた信長を港の潤沢な資金で支えたことから、尾張藩の寄進もあって豪華な祭りになったようです。有名なのは夜の宵祭ですが、本番は翌朝の朝祭。一晩で飾り付けを一変した船から、津島神社の本尊がある旅所《たびしょ》へ鉾《ほこ》を泳いで届け、神社に奉納するまでが祭り。まきわらは津島を代表する5つの村が出し続けていますが、朝祭は現在、愛西市となっている旧市江村からの船を合わせた合計6隻となります。

　……と、そんな祭りの全容は加賀さんにお聞きするまで知りませんでした。恥ずかしながら宵祭しか見たことがなかったのです。私も反省！

　2018年は宵祭が7月28日、朝祭が29日に行われました。会場では加賀さんをはじめ47人のコンシェルジュが、天下一の川祭りについて解説、町歩きツアーが企画されました。

「歴史ある町の魅力と環境に触れるよい機会となりますよ」という加賀さんを見つけて、ぜひ話を聞きながらそぞろ歩いてみてください。お問い合わせはメールで。omo2468@yahoo.co.jp
（2018年7月掲載）

地元のガイドのばあい

津島おもてなしコンシェルジュの勉強をしていくと、地元についての知識が増えていくのが楽しくてハマッたとの事。

とくに加賀さんが注目したのは お茶室ロード。

本町筋という通りに12軒のお茶室が残っていて、津島は茶の湯文化が盛んだということが分かったのです。

高校時代〜抹茶の茶道をたしなんでいたそうですが、煎茶の茶道がある、と知り、迷わずに入門（この行動力がすごい！）

売茶流の師匠について学び、お茶席を体験してもらうコースを作っています。

お祭りだけではない津島の魅力を教えてもらいました！

ぜひ今度は、町めぐりに連れていって下さいね！

歯が折れそうに固い
くつわとあかだ

たのしみにしています。

取材こぼれ話

FBやインスタグラムなど、SNSで
昔の友人とつながったという話を
よくききますが、SNSのもう1つの
効果として、知人のしらなかった
一面を知るということがあります。
加賀さんは会社の先輩。
いつも笑顔を絶やさず
おしとやかで大人の女性。
そんな加賀さんのアクティブな
顔を発見したのがFB。
着物をきこなしお茶会に
出たり、ポールウォーキングに
でかけたり…
そして何よりコンシエルジュと
しての活動!!
会社では知ることのできなかった
一面を知りました。取材をかねてランチした時
「深谷さんとごはんするの、初めてよね～」と。
長年顔を合わせていても、知ることのなかった面
に触れることができ、FBに感謝です!

エコヂカラ!

第41回

「急須でお茶」の貴重なひととき

煎茶道・売茶流《ばいさりゅう》の家元、髙取芳樹さん（左）

今年の夏の暑さは尋常じゃなかったですが、その分、冷たくした緑茶が一番のどを潤すと発見した夏でもありました。

急須にお茶を入れて飲む、というふだんの生活の中にある何気ない風景。今はペットボトルや緑茶パックといった便利なものがあり、緑茶が身近にあふれる一方、自分で茶葉を急須に入れて飲むという機会はずいぶん減っています。急須が家にない、というお宅も多いようです。

しかし、茶葉の種類や量、いれるお湯の温度で味がまったく違うお茶。普通に飲んでいるお茶がこんなにおいしかったのか……という感動は、急須でいれて初めて味わえるものではないでしょうか。

そんな「急須とお茶」の魅力に気付いたのは、煎茶道・売茶《ばいさ》流家元、友仙《ゆうせん》窟《くつ》こと髙取芳樹さんとの出会いがきっかけでした。

煎茶道は江戸時代、大名や武士の文化だった茶道に対して、形式的ではない、武士のアウトローな精神を生かしたお茶の文化として一般に支持されました。その文化は尾張、三河地方にも伝わり、知立市八橋のカキツバタの名所、無量寺で八橋売茶翁が開いた売茶流を、大正時代からは名古屋市昭和区の浄元寺で受け継いでいます。

　その4代目となる家元が高取さん。長い伝統を誇り、公称1万人の門徒を抱える流派ですが、家元は新しい試みにも前向き。例えば、自身が旅行に出かけた先で見つけた器を茶会で花入れに使い、その話で楽しいひとときを過ごしたり、現代の作家物の作品をどのように使おうか、新しい使い方を模索したりも。「しつらえ道具で茶会のストーリーを考える、そこが楽しい」と高取さん。お弟子さんも、家元のおかげで新しい器や使い方、作家を知り、自分も使ってみようと思えるのが楽しみだと語っていました。

「円上」交差点すぐ、昭和区にある浄元寺

　日常使う急須は、欠けたり割れたりして捨てられてしまいます。しかし、家元はたくさんの古い急須を残しています。その一部が、常滑市のＩＮＡＸライブミュージアムで開催され、「急須でお茶を　宜興《ぎこう》・常滑・香味甘美」という展覧会に出品されました。全体のテーマは、中国の宜興地方でつくられた急須が、ヨーロッパを経て常滑の朱泥でつくられ、日本茶のシンボルになるまでの歴史。その中で、家元の急須は煎茶の文化をしっかりと伝えています。

　「生活の中ではモノは残らない、文化であるから残ってゆく」。この言葉が重くしみてきました。

常滑市のINAXライブミュージアムで
展示されている家元所蔵の急須。
初代山田常山、朱泥茶銚、大正時代末期、常滑
（撮影・木村文吾）

売茶流は文化センターなどの身近な教室があります。お茶とお菓子を楽しむこと自体は日常ですが、茶室という空間で味わうことで非日常の経験になります。「テーマパークに出かけるように楽しんでほしい」との家元の言葉が印象的でした。

　問い合わせは、煎茶道・売茶流
TEL 052-881-8640

（2018年9月掲載）

売茶流のばあい

煎茶道の歴史をうかがっている間も家元は
じっとしていません。
奥から、様々な道具を出して見せて下さるのです。
現代作家の品をお茶席に使う事もあるそうです。
ハワイアンキルトの上にクリスタルの急須を合わせて
夏を表現したり。テーマに合わせて斬新な
アイデアを実現する家元の発想力がすごいです
ナエのイラストの大きな器…
「大きい茶わんですね〜」との私の発言に…
「え!?ワッハッハー」と大笑い。
実はお菓子を入れる菓子器
でした。無知ではずかしい。
大変古いもので、金継ぎ
をして大切に使われて
いるものです。お茶室は、
季節の花を飾り、時空を
超えた道具を使う。そんな時代を
超えた空間が、お茶室なのです!
家元は、「ここは○ィズニーランドみたいなもので、
非日常なの。だからリフレッシュできるんだよね」と。
なるほど!! 楽しくなってきます。

売茶流の紋です

とても小さな器で頂きます。

取材こぼれ話

表千家でお茶… 習ってました。一応。
しかし月に1回のいやしの時間として有意義な
ひとときになってはいましたが その結果はというと、
「先生、ごめんなさい」という感じです。
東海ラジオ アナウンサーの後輩、川島葵ちゃんが、
煎茶道をやっている」とききゝ、体験させてもらったのを
きっかけに、なんと お家元にお会いすることができ
ました。 どんな厳しい方だろう…とおそれながら
うかがうと…とても気さくな方でした。
売茶流の「優雅と格調と楽しい！」の
楽しさは、お家元その人を表しているのです！

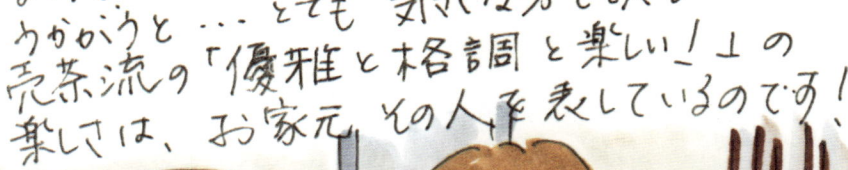

―おわりに―

最後まで読んでいただきありがとうございます。
一度会った人は友達！　というくらいに距離を近づけてしまうのが私の特徴です。

本を作ろうとの話が持ち上がってから、「Ｒｉｓａ」には載せられなかった取材先でのエピソードを入れたい、親しくなったあの人の違う一面も紹介したい、と、「取材こぼれ話」を描くことになりました。

手描きのあったかさ、手作り感を出したくて始めたんですが……これがハードだった（笑）！

家族でスキーに行った先の山小屋で、息子が寝た後のリビングで、そして旅行先のハワイでも……。常に鉛筆とコピックを携え、どうにかこうにか描き終えることができました。

ここまで、根気よく付き合ってくれた桜山社の江草三四朗さん、「Ｒｉｓａ」の編集長関口威人さん、取材でお世話になった皆さま、そして両親はじめ家族のみんなに感謝します。

エコヂカラ！はこれからも続きます。これからも、ひとりひとりの生活に何かいいことがありますように。ページをめくってくれたあなた。最後までお付き合い下さりありがとうございました。

深谷　里奈

深谷 里奈（ふかやりな）
1973年、岐阜県多治見市に生まれる。名古屋芸術大学 音楽学部 声楽科卒業。大学卒業後、shu uemura 化粧品に勤務したのち、1996年、専属アナウンサーとして東海ラジオ放送に入局。生ワイド番組、ニュース、天気、インタビューなど20年間にわたり局アナとして活躍。これまでに200組以上の音楽アーティストにインタビューし、公私にわたり友好を深める。音楽、環境、グルメに造詣が深い。
ラジオのほかに、式典司会、プロ野球・オリンピック選手トークショー、愛知万博・三井東芝館オフィシャルMC、朗読、大学講師など多方面で活躍。2017年に東海ラジオとの契約満了にて退社後も、引き続きフリーアナウンサーとして東海ラジオを中心に出演している。

現在のおもな番組
◎東海ラジオ「山浦・深谷のヨヂカラ！」
月曜日～金曜日　16時から17時45分
◎環境情報紙「Risa」コラム連載中
毎月第一土曜日　名古屋市内配布　中日新聞朝刊折込（51万部）
◎名古屋学芸大学メディア造形学部デザイン学科外部講師
◎資格／中・高等学校音楽科教員免許、食養生ジュニアコーディネーター
◎NPO揚輝荘の会会員

画：深谷 里奈
装丁・本文デザイン：三矢 千穂

本書は、2015年4月～2018年9月まで、環境情報紙「Risa」にて連載された作品に加筆、修正し、書き下ろしの「取材こぼれ話」を加えて書籍化したものです。取材情報は連載当時。

エコヂカラ！

2018年10月1日　初版第1刷　発行

著　者　深谷 里奈
発行人　江草三四朗
発行所　桜山社
名古屋市瑞穂区中山町5-9-3
電話　052（853）5678
ファクシミリ　052（852）5105
http://www.sakurayamasha.com
印刷・製本　株式会社シナノパブリッシングプレス

乱丁、落丁本はお取り替えいたします。
©Rina Fukaya 2018 Printed in JAPAN
ISBN978-4-908957-07-9 C0095

桜山社は、
今を自分らしく全力で生きている人の思いを大切にします。
その人の心根や個性があふれんばかりにたっぷりとつまり、
読者の心にぽっとひとすじの灯りがともるような本。
わくわくして笑顔が自然にこぼれるような本。
宝物のように手元に置いて、繰り返し読みたくなる本。
本を愛する人とともに、一冊の本にぎゅっと愛情をこめて、
ひとりひとりに、ていねいに届けていきます。